DOCTEUR HÉMERY

Stomatologiste

LA

Couronne à Pivot

Monographie

PARIS

Chez G. OUDIN, éditeur

24, rue de Condé

1914

LA COURONNE A PIVOT

DOCTEUR HÉMERY

Stomatologiste

LA

Couronne à Pivot

Monographie

PARIS

Chez G. OUDIN, éditeur

24, rue de Condé

1914

LA COURONNE A PIVOT

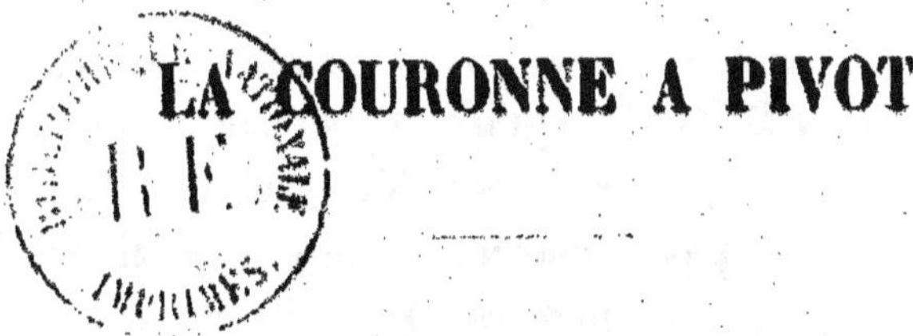

PRÉAMBULE

Homo sum et nil humani a me alienum puto,
disait Térence.

Medicus sum et nil medicinæ a me alienum puto,
dit aujourd'hui le médecin. Ophtalmologie, laryngologie, otologie, électrothérapie, physicothérapie, toutes les branches de la médecine en un mot, le médecin qui veut exercer consciencieusement doit les connaître, sinon en spécialiste, du moins d'une façon assez complète pour être en mesure, au besoin, de se passer de son collègue spécialisé.

Dédaignée des médecins qui en laissaient l'exercice à des praticiens pour la plupart ignorants, la stomatologie, résultat des efforts de Magitot et de ses élèves, a pris sa place parmi ses sœurs aînées, des diverses spécialités.

Depuis dix ans, chaque congrès de médecine comporte une section de stomatologie, et il n'est plus aujourd'hui un praticien qui ignore les points essentiels de cette branche de l'art de guérir.

C'est pourquoi nous avons pensé, sur les instances du Dr Ovize, qu'une thèse sur un sujet de stomatologie, voire même de prothèse dentaire, ne serait pas déplacée, et nous avons choisi la dent à pivot (monographie). Le sujet nous a tenté parce qu'il est neuf ; cette affirmation peut paraître osée, si l'on songe que déjà Fauchard en 1728 consacrait à la dent à pivot un article de son si remarquable traité : « *Le Chirurgien dentiste* ». Cependant, si, depuis, un certain nombre d'études ont paru de-ci, de-là, sur le sujet qui va nous occuper, il faut avouer que la presque totalité sont œuvres non de médecins, mais de mécaniciens dont la culture générale médiocre, la culture scientifique insuffisante, expliquent le chaos, l'imprécision et, disons-le, le manque de mise au point de la question.

Il nous a été impossible de trouver une définition satisfaisante de la dent à pivot; aussi notre premier soin a-t-il été de définir cette petite prothèse. Nous avons recherché les perfectionnements et les variations de la dent à pivot depuis Fauchard; après avoir posé les indications, nous avons étudié successivement les avantages et les inconvénients, les modèles schématiques, la confection du pivot, la préparation de la racine; nous avons continué en indiquant les types principaux et nous avons présenté un modèle original, offrant des avantages importants. La manière de poser en bouche la dent à pivot termine ce travail.

Nous avons systématiquement évité de nous étendre sur les opérations relevant du laboratoire, qui sont traitées dans n'importe quel manuel de prothèse dentaire.

Voici, en détail, le plan suivi.

PLAN

CHAPITRE PREMIER

Définition.

On donne le nom de dent à pivot (couronne à pivot) à une couronne portiche fixée à une petite tige (pivot) scellée elle-même dans le canal agrandi d'une dent découronnée.

Le terme de dent à pivot est impropre, puisqu'une dent se compose de deux parties : couronne et racine, et que, dans le cas présent, nous ne remplaçons que la couronne.

Le terme couronne à pivot doit donc être substitué à celui de dent à pivot. C'est cette expression que nous emploierons au cours de ce travail.

CHAPITRE II

Historique.

En 1861, le Dr Gaillardot trouvait dans une
nécropole de Saïda une pièce prothétique que
Renan décrit ainsi : « C'est une portion de mâchoire supérieure de femme présentant les deux
canines et les quatre incisives réunies par un fil
d'or. Deux de ces incisives paraissent avoir appar-
tenu à un autre sujet et avoir été placées là pour
remplacer celles qui manquaient (1). » Cette pièce
doit dater du *Ve siècle* avant Jésus-Christ. Elle
montre que la prothèse dentaire était connue dès
la plus haute antiquité.

Mais il nous faut arriver au xviiie siècle pour
trouver l'utilisation de la racine comme support
d'une couronne postiche.

C'est à un Français, Fauchard, que nous devons
la première couronne à pivot, et cette découverte
aurait fait passer son nom à la postérité, si sa

(1) RENAN : *Mission de Phénicie*, p. 472.

description de « la maladie de Fauchard » n'y suffisait pas.

Dans son ouvrage : *Le Chirurgien dentiste* (1728), Fauchard écrit textuellement :

« Quand la carie a trop considérablement élargi le canal de la racine, que ses rebords sont encore fermes et solides, et qu'on a été obligé de la plomber, on fait avec un petit poinçon un trou le plus profond et le plus droit qu'il est possible, au milieu du plomb bien affermi, sans néanmoins que ce

Fig. 1, 2, 3. — La dent à tenon de Fauchard.

trou pénètre plus avant que le canal de la racine. On assemble la dent naturelle postiche avec la racine, par le moyen d'un tenon tel que je vais le décrire. Lorsque la carie a pénétré jusqu'à la cavité de la racine sur laquelle on veut mettre à tenon une dent naturelle ou artificielle, le canal de cette racine étant encore assez long, tout ce qui se trouve de carié ayant été ôté, on élargit ce canal avec un équarrissoir (instrument ainsi appelé par les horlogers, qui est de figure pyramidale, qui se termine en pointe et qui forme quatre pans dont chaque angle est tranchant)... On ajuste à la dent pour la mettre en place un petit tenon d'or ou d'argent de la longueur et du calibre du canal de la dent humaine qu'on y veut mettre... Avant que de mettre ce tenon dans la cavité de la dent, elle doit être remplie de mastic en poudre; ensuite on introduit ce tenon dans cette cavité avec de petites pincettes d'horloger, en chauffant ce même tenon au feu de la bougie, par son extrémité opposée. Par ce moyen, le mastic fondra et facilitera l'entrée au tenon... Il arrive que le tenon se rencontre trop petit,... on l'entourera avec un peu de chanvre pour l'engager ensuite à force dans le canal de la racine de la dent.

« Elles (les dents à tenon) durent quelquefois quinze à vingt ans et même davantage sans se déplacer. »

Puis, Fauchard donne le conseil d'employer les dents humaines ou de cheval marin, ou encore des dents fabriquées avec du tibia de bœuf, et il en indique la fabrication.

L'année 1776 est une date importante pour la prothèse dentaire : c'est alors que Duchâteau, apothicaire à Saint-Germain, eut l'idée d'employer la porcelaine pour se faire fabriquer un dentier, et qu'il communiqua sa découverte à l'Académie de chirurgie. Cette idée élargissait à l'infini le champ de la prothèse dentaire, puisqu'elle permettait d'avoir facilement et toujours le matériel nécessaire et solide.

En 1815, le Dr Delabarre préconise l'emploi des pivots cylindriques et des pivots creux.

Vers 1840, les Américains commencent à employer des couronnes *en porcelaine*, qu'ils ajustent sur la racine et qu'ils fixent avec un pivot en bois d'hickory.

En 1844, le Dr S. Dodge décrit une couronne amovible : il place dans la racine une gaine en bois destinée à contenir un pivot métallique.

En 1878, le Dr C.-M. Richmond décrit un perfectionnement nouveau : à la couronne en porcelaine, il soude une coiffe qui recouvre l'extrémité de la racine. Nous reviendrons sur ce système, encore très employé à l'heure actuelle. Dès ce moment, et malgré la fondation de la première École dentaire française, les étrangers ne vont cesser de perfectionner la couronne à pivot, découverte française : ce n'est pas seulement en stomatologie qu'on observe ce phénomène.

Le Dr Bonwill, en 1881, présente une couronne creuse, fixée à la racine par un pivot triangulaire, scellée avec de l'amalgame.

En 1883, le Dr W.-S. How décrit une couronne à quatre crampons, fixée à la racine par une vis;

nous relevons encore les noms suivants : Dr Weston, qui cimente le pivot dans la couronne avant la pose, Dr Howland, Dr Perry, Dr Logan (en 1885, dépôt d'un brevet pour couronne à pivot inamovible). Les couronnes à pivot indépendant furent reprises (Davis).

Puis, vers 1886, les Drs Parmly Brown, Jenkins, etc., introduisirent la céramique dans la fabrication de la couronne à pivot, apportant ainsi un perfectionnement esthétique considérable.

CHAPITRE III

Indications de la couronne à pivot.

La couronne à pivot n'est pas un mode de prothèse indifféremment applicable à toutes les dents : les dix dents antérieures, à chaque mâchoire, sont seules susceptibles de ce procédé de remplacement de leurs couronnes, qui doit être rejeté pour les grosses molaires, d'abord, parce que l'esthétique ne le réclame pas et surtout parce que les efforts qu'elles sont susceptibles de fournir ne s'accommoderaient ni du mode de fixation, ni de la matière employée.

Ceci posé, quand doit-on pour les dents antérieures mono ou biradiculaires recourir aux couronnes à pivot?

1º Quand la couronne de la dent est presque détruite par la carie et qu'il est possible de soigner la racine.

2º Quand la couronne est tellement évidée par la carie, qu'elle n'est plus assez solide pour supporter une obturation.

3º En cas de fracture accidentelle d'une dent par suite d'un coup, d'une chute, etc.

4º Pour des raisons esthétiques.

a) Dans le cas de malposition dentaire qu'il est impossible de corriger, chez un adulte.

b) Si une ou plusieurs dents antérieures sont malformées, atteintes d'érosion (par exemple, dent d'Hutchinson).

c) Si une dent, par suite de la destruction accidentelle, ou résultant d'une carie, de sa pulpe, a changé de couleur au point de provoquer dans l'ensemble de la mâchoire un aspect par trop disgracieux.

(Il va de soi qu'on ne doit, dans ce cas, recourir à une prothèse qu'après avoir tout essayé pour rendre à la dent sa couleur primitive.)

A QUEL AGE PEUT-ON POSER UNE COURONNE A PIVOT

Il arrive assez fréquemment que des enfants, des adolescents sont victimes au cours de leurs jeux de fracture des dents. Les incisives centrales, en particulier, sont le plus souvent atteintes, en raison de leur position en avant et de leur taille.

Plus rarement, surtout chez les enfants dont les dents sont surveillées attentivement, le cas se présente d'avoir à placer une couronne à pivot à la suite de carie. Quoi qu'il en soit, quelle est la conduite à tenir chez les non-adultes?

Deux cas se présentent dès l'abord :

a) La dent, quoique fracturée et non réparable, est vivante.

b) La pulpe de la dent est atteinte, détruite ou devra l'être.

a) *La dent, quoique fracturée et non réparable, est vivante.*

La conduite à tenir est régie rigoureusement par l'avenir anatomique, physiologique de la dent. Tant que les racines n'ont pas atteint leur entier développement, nous n'avons pas le droit de toucher à la pulpe. Morte, en effet, la dent ne s'accroît plus, ne descend plus, tandis que les dents voisines, subissant leur évolution naturelle, descendent en entraînant les procès alvéolaires. Une couronne à pivot placée dans ces conditions sera fatalement disgracieuse; un, deux ou trois ans plus tard, elle sera trop courte.

Il faut donc, si peu esthétique que puisse être l'effet produit, respecter la dent, la pulpe, et savoir attendre que l'évolution de la dent soit achevée avant de substituer une couronne à pivot.

b) *La pulpe de la dent est atteinte, détruite, ou devra l'être.*

Ici encore la conduite à tenir devra s'inspirer de ce qui va se passer physiologiquement.

La dent dévitalisée ne va plus s'accroître, et ce qui reste de la couronne est d'un effet si déplorable qu'il faut intervenir. Le mieux alors est, après suppression de la pulpe, de placer une couronne à pivot amovible (Voir : la couronne avec pivot à gaine, page 102). Plus tard, quand nous serons bien certains que les dents voisines ont terminé leur évolution, sont à leur longueur, nous remplacerons cette couronne provisoire par une définitive, aussi parfaite que possible comme forme, grandeur et couleur.

La couronne à pivot provisoire aura encore pour effet d'éviter que la racine ne s'élimine, et aussi de réserver la place, en empêchant les dents voisines de se rapprocher.

CHAPITRE IV

Qualités de la Couronne à pivot.

Ces qualités sont :
1º *Simplicité.*
2º *Stabilité.*
3º *Propreté.*
4º *Qualités esthétiques.*
5º *Respect des autres dents.*

1º *Simplicité.* — Lefoulon écrivait en 1841 :
« Par la cavité du canal dentaire, la nature elle-même semble avoir indiqué le meilleur moyen de remplacer les dents en y introduisant un pivot. »
En effet, la grande qualité de la couronne à pivot réside dans sa simplicité. Le pivot peut être comparé à un trait d'union entre la racine et la couronne, et si le procédé d'exécution n'est pas toujours aisé — pour approcher le plus possible de la perfection — le principe de remplacement d'une couronne naturelle par une couronne à pivot se résume entièrement au pivot, petite tige de métal réunissant la couronne postiche à la racine. Et le

résultat est si bon que les porteurs de couronne à pivot les oublient complètement, trop complètement même, car ils en arrivent à réclamer de ces couronnes postiches des efforts et tout au moins un travail identique à ce qu'ils peuvent demander aux dents naturelles.

2° *Stabilité.* — Le pivot étant fixé intimement à la racine à l'aide de ciment, la stabilité est parfaite, totale, laissant au porteur de la couronne une entière tranquillité d'esprit. Celui-ci n'a plus à craindre en effet que l' « artificielle » se détache, révélant à tous la supercherie; cette fixité, cette inamovibilité donne une impression de naturel si complète que quelques minutes suffisent pour faire oublier l'existence de ce « corps étranger ».

3° *Propreté.* — Dépourvue de tout accessoire, plaque, crochets, fils, la couronne à pivot ne demande pour son bon entretien aucun soin spécial; et au cours du nettoyage biquotidien, nécessaire au bon état de la bouche, le porteur de la couronne la brosse en même temps que ses dents, sans même s'en apercevoir; tandis qu'avec tout autre mode de prothèse, il est indispensable, soit d'enlever l'appareil (comme dans le cas d'appareil à plaque), soit d'y apporter un soin tout spécial (bridge). Nous n'insisterons pas sur le cas des gens peu soigneux, chez lesquels le manque d'entretien, de nettoyage des appareils à plaque provoque une altération de l'haleine faisant d'appareils mal entretenus un objet de dégoût et de répulsion, sinon de tortures pour ceux qui sont en rapport avec eux.

4° *Qualités esthétiques.* — Les qualités esthétiques des couronnes à pivot ne le cèdent en rien aux qualités de simplicité, de fixité et de propreté que nous venons de voir. En effet :

a) Par suite de la fixité, il n'y a jamais d'écart entre la couronne et la gencive, dans les divers mouvements des mâchoires, jamais d'hiatus visible.

b) La couronne à pivot peut reproduire une irrégularité existant antérieurement dans la bouche, ou une irrégularité symétrique.

c) Elle ne nécessite l'emploi d'aucun métal, d'aucun moyen de fixité visibles; et, n'était la différence de substance (porcelaine) avec les dents voisines, la substitution d'une couronne à pivot bien exécutée passerait presque toujours inaperçue. Du reste, lorsque l'on emploie une dent naturelle postiche, le résultat est tellement parfait, qu'il faut, même au professionnel, une investigation minutieuse pour retrouver la couronne à pivot dans la bouche.

5° *Respect des autres dents.* — On peut affirmer que, les bridges exceptés, les appareils de prothèse ordinaires sont toujours nuisibles aux dents restantes; le métal des crochets en contact avec les dents, par suite d'une action électro-chimique, entraîne la destruction lente de l'émail, ouvrant ainsi la porte d'entrée à la carie, — les plaques, surtout celles à succion, fatiguent les muqueuses.

CHAPITRE V

Inconvénients de la Couronne à pivot.

Nous éliminons tout d'abord les accidents dus
a une mauvaise préparation de la racine (cas
d'empyème du sinus, de dacryocystise aiguë, de
tétanos, rapportés dans la thèse de Pitsch). Ces
accidents ne sont nullement imputables au mode
de prothèse, mais à l'opérateur, et ils se seraient
produits tout aussi bien avec n'importe quelle
obturation.

Depuis la thèse de Pitsch d'ailleurs, les idées
ont marché; la stomatologie et sa satellite l'odon-
tologie ont pris une orientation plus médicale,
les médecins se consacrant à l'art dentaire ont
vu leur nombre centuplé et, en même temps, les
observations se sont précisées, ont pris une tour-
nure plus scientifique. La dentisterie actuelle n'a
plus, comme la chirurgie, que le souvenir de ses
anciens pratiquants, les barbiers.

Donc, éliminant les accidents dus à une faute
de préparation de la racine, voyons quels sont
les inconvénients de la couronne à pivot.

1º **En cas de fracture.** — Si la couronne à pivot a sur les appareils ordinaires les nombreux avantages que nous avons énumérés plus haut, elle leur cède le pas, en cas de fracture.

En effet, avec les appareils amovibles, il suffit d'avoir une pièce de rechange pour remédier immédiatement à un accident; avec la couronne à pivot, le patient ne peut masquer son imperfection tant qu'il n'a pas reçu les soins du praticien; et, pour ce dernier, quel ennui, quelle désagréable intervention !

Chaque spécialiste garde le souvenir des séances longues et pénibles qu'il a dû consacrer à la suppression d'un pivot.

2º **Infériorité au point de vue masticatoire.** — Les dix dents antérieures (haut et bas) étant, nous l'avons dit, seules susceptibles de recevoir des couronnes à pivot, le rôle masticatoire de celles-ci est, en raison des dents qu'elles remplacent, naturellement restreint. Peut-être pour les petites molaires peut-on leur demander de rendre quelque service, mais il faut limiter ses exigences et prendre garde : en effet, les petites molaires subissent, en raison de la nature de l'articulation temporo-maxillaire et de leur position dans les arcades, des efforts de dehors en dedans, de dedans en dehors, d'arrière en avant,

d'avant en arrière et enfin dans le sens vertical.
La résistance à opposer à ces efforts venant de
tous sens est si grande que les petites molaires
naturelles ou artificielles sont les plus sujettes
aux éclatements et aux fractures. Aussi, étant
donné la difficulté d'enlèvement d'un pivot en
cas de cassure de la dent, doit-on recommander
de ne pas employer comme petite molaire à pivot
de couronne trop nettement bituberculée, et
même d'abattre presque complètement les tubercules.

En ce qui concerne les incisives et les canines,
l'étude des forces agissantes montre que leur direction est des plus dangereuses et pour les couronnes
de remplacement et pour les racines de support;
ce sont des dents *dont il ne faudrait pas se servir.*
D'ailleurs, l'espèce humaine — du moins dans
les races civilisées — ne fait qu'un emploi relatif
de ses incisives. Seules, les personnes dépourvues
de molaires se servent de leurs incisives pour
mastiquer. Et dire mastiquer dans ce cas est une
façon de parler, on ne mastique pas lorsqu'on n'a
plus de grosses molaires.

Ce sont des cas où nous ne devons employer la
couronne à pivot comme méthode prothétique
qu'après avoir rétabli la fonction masticatoire
intégrale, sous peine d'assister, dans un temps
très court, soit à la cassure de la couronne artifi-

cielle, soit à la fracture de la racine, soit au descellement du pivot.

3° LA COULEUR. — La couleur des dents de chaque individu varie avec l'âge et avec certains états organiques. Elle se fonce et tend vers le jaune, en partant de la gencive vers l'extrémité de la couronne, à mesure que l'individu avance en âge; chez les déphosphatés, elle se rapproche de la teinte grise. La couleur de la porcelaine, elle, est immuable, et une couronne à pivot qui était en harmonie avec les dents naturelles finit, avec le temps, par trancher au milieu d'elles. En général, à moins d'accident, d'état de santé précaire, il faut de longues années pour arriver à une opposition frappante de teintes, — et cet inconvénient, que nous devons signaler pour être complet dans notre étude, n'est guère à prendre en considération, d'autant que certaines couronnes à pivot sont facilement remplaçables, ainsi que nous le verrons plus loin, au cours de l'étude des différentes sortes de couronnes à pivot que nous allons aborder maintenant.

CHAPITRE VI

Les trois modèles schématiques de Couronne à pivot.

I. LA VRAIE COURONNE A PIVOT

C'est, comme nous l'avons défini, une couronne postiche fixée à une petite tige (pivot), scellée elle-même dans le canal agrandi d'une dent découronnée. C'est la dent à tenon de Fauchard, améliorée par la belle instrumentation et par les moyens de scellement dont nous disposons. C'est la plus jolie, en même temps que la plus solide des couronnes à pivot. La difficulté de trouver une couronne ayant forme, dimension et couleur appropriées, a fait depuis longtemps substituer aux couronnes naturelles des couronnes en porcelaine, et entre temps des couronnes sculptées en ivoire. Quelle que soit la substance de la couronne postiche, le procédé reste le même : une tige, une couronne ajustée sur la racine.

De ce genre sont : les dents à tube, les couronnes naturelles, les couronnes de Logan, de Davis, etc.

II. LA COURONNE ORDINAIRE

Malgré la substitution de la porcelaine aux dents naturelles, les difficultés de trouver les éléments d'une parfaite imitation sont restées nombreuses, jusqu'à ce jour, et l'idée est venue d'employer les dents artificielles courantes à crampons, pour en faire des couronnes à pivot. C'est la couronne ordinaire, terme impropre, ne signifiant rien que de désigner le modèle le plus communément employé. La couronne ordinaire consiste essentiellement en une face de porcelaine soudée à une tige (pivot); une amélioration consiste en deux plaquettes d'or (ou de métal), l'une qui double la face de porcelaine, l'autre qui vient s'appliquer sur la section de la racine.

Cette couronne à pivot est très facile à exécuter, et on en trouve facilement les éléments chez tous les fournisseurs et même chez la plupart des praticiens. Comme la précédente, cette couronne laisse intacts la racine, ses bords, sa section, le ligament alvéolo-dentaire.

D'autre part, à l'endroit exact où la dent et la gencive se rejoignent, tant du côté lingual que du côté labial, il existe une légère protubérance sur la dent : cette protubérance a pour effet de protéger la gencive contre l'introduction d'aliments et de lui permettre par conséquent de rester dans les conditions d'hygiène rigoureuse (1). La couronne à pivot ordinaire respecte cette protubérance.

Avec ce système, la préparation de la racine est indolore et rapide, et aucune partie métallique n'est visible.

On lui a reproché une certaine fragilité, mais cet inconvénient peut être réduit au minimum, si l'on observe bien dans son exécution les règles que nous formulons plus loin.

III. LA COURONNE A BAGUE (OU COLLIER)

Dans ce système, à la couronne à pivot que nous venons de décrire est ajoutée une bague entourant la racine. Ceux qui préconisent la couronne à bague font valoir :

1º Qu'elle évite l'éclatement de la racine;

2º Qu'elle est plus solide;

3º Qu'elle protège contre la carie la section de la racine.

Cependant, tous les praticiens ne sont pas

(1) R. SIMPSON : *Dental Cosmos*, August 1908.

d'accord sur ces avantages, et certains d'entre eux formulent les critiques suivantes :

a) Il est impossible de préparer la racine de manière à obtenir un cylindre ou un cône parfait ; donc l'ajustement de la bague ne peut être très précis.

b) La préparation de la racine est douloureuse et longue.

c) (1) Il est très difficile de rendre parfaitement plate la surface de la coiffe sur laquelle la dent artificielle s'ajuste ; il y a production d'une poche dans laquelle, au moment de souder, le borax coule, ce qui est une des causes les plus fréquentes de la fracture des faces porcelaine.

d) Il est peu agréable à l'œil d'apercevoir au ras de la gencive une bande d'or qui décèle la dent postiche. .

e) La couronne à bague nécessite l'enlèvement d'une grande partie de ce qui reste de la couronne et en diminue la solidité.

f) Enfin, et reproche plus important, la bague, qui pour être utile doit entrer profondément sous la gencive, est une cause d'irritation perpétuelle, qui occasionne de la gingivite et de la péricémentite ; ainsi, loin de protéger la racine, elle tend à amener des phénomènes *qui détruiront celle-ci :* pour

(1) S. Doskow : *Dental Cosmos,* Mars 1907.

le prouver, ayons recours à l'anatomie et voyons le rôle du ligament alvéolo-dentaire.

Le système ligamentaire unissant la dent à l'alvéole comprend deux parties :

1º *Le ligament alvéolo-dentaire* proprement dit, qui forme autour de la racine une capsule fibreuse.

2º *L'ensemble des faisceaux fibreux allant du collet à l'os forme comme une collerette autour de la dent, collerette située en dehors de l'alvéole et recouverte par la gencive.* C'est cette partie que Kölliker désignait sous le nom de ligament dentaire circulaire, et que le Dr Beltrami appelle *ligament externe.*

Le ligament tout entier a, entre autre objet, pour effet d'assurer la protection des innombrables vaisseaux sanguins qui nourrissent la racine, *même quand la pulpe est détruite.* S'il manque à ce rôle, les vaisseaux disparaissent, la dent est définitivement morte, l'organisme le considère comme un corps étranger et l'expulse.

Il est facile de voir, d'après cet exposé, comment, dans la préparation de la racine pour lui appliquer une bague, on est forcé de détruire au moins une partie du ligament externe, et comment l'irritation apportée par la bande métallique continue cette destruction, qui amène la perte de la racine.

III *bis.* COURONNE A DEMI-BAGUE

Pour éluder quelques-uns des reproches que nous avons vu adresser tout à l'heure à la couronne à bague, et particulièrement pour satisfaire aux exigences esthétiques, on a imaginé de conserver seulement la partie de la bague située sur la face linguale et une partie des faces proximales de la racine. Ce système prend donc à chacun des précédents une partie de leurs avantages et de leurs inconvénients. Au premier, il emprunte sa supériorité esthétique, au second sa supériorité de résistance et de fixité; il permet en outre de respecter le faisceau externe du ligament alvéolo-dentaire, tout au moins dans sa partie vestibulaire.

CHAPITRE VII

Le Pivot.

Quel que soit le système auquel on donne la préférence, la couronne naturelle, la couronne ordinaire ou la couronne à collier, le pivot doit, dès l'abord, être l'objet de notre attention.

Cette tige, qui est en somme la base de cette petite prothèse, doit avoir deux qualités : résistance et fixité. C'est par sa forme, ses dimensions, la nature de la substance employée, que le pivot satisfera à ces deux desiderata.

Longtemps l'empirisme seul a guidé le praticien, et bien que la couronne à pivot soit vieille de deux cents ans, ce n'est qu'en 1911 que le Dr Ovize, dans un article paru dans la *Province dentaire*, étudia les raisons mécaniques qui doivent guider le stomatologiste dans l'exécution et le choix du pivot.

Trois formes (1) de pivot ont été préconisées : le pivot rond, le pivot carré, le pivot ovale.

(1) Les formes désignent la section du pivot.

I. LE PIVOT ROND

Le plus habituellement employé, en raison surtout de ce que dans tout laboratoire de prothèse le fil rond de platine, d'or ou même de melchior sont d'un usage courant. Nous verrons tout à l'heure que le pivot rond est celui qui, pour des raisons purement mécaniques, doit être préféré.

II. LE PIVOT CARRÉ

Le pivot carré, à condition de placer sa diagonale dans le sens de l'effort, a sur le pivot rond une réelle supériorité de résistance. La difficulté de préparation du canal destiné à le recevoir, l'impossibilité, une fois le travail terminé, de changer, même légèrement, la position de la couronne, doit le faire abandonner.

III. LE PIVOT OVALE

Son plus grand diamètre placé dans le sens de l'effort a les mêmes avantages et les mêmes inconvénients que le pivot carré.

En dépit des avantages que peuvent présenter

les pivots carré ou ovale, nous donnerons la préférence au pivot rond, plus exactement au pivot cylindrique. Nous allons voir pourquoi.

Le Dr Ovize (1) estime que le pivot doit être aussi long et aussi gros que possible. La substance employée n'est pas non plus indifférente. Citons pour mémoire que les pivots de bois d'Hickouy ont eu un moment la faveur des praticiens; ils ont été abandonnés, car ils avaient le défaut de fléchir, d'être infiltrés par la salive, et ils manquaient par conséquent des qualités mécaniques et hygiéniques exigibles.

1° *Le pivot doit être cylindrique*, car le canal est cylindrique, et les instruments qui l'agrandissent donnent un trou cylindrique. Or, il faut, si l'on veut obtenir le maximum de fixité, que la substance employée pour sceller le pivot soit en quantité strictement minima. En effet, cette substance sur laquelle la couronne agit à la manière d'un levier se fracturera, se fissurera (ciment) ou sera refoulée (gutta). Une couronne à pivot bien exécutée doit déjà tenir avant toute adjonction de ciment ou de gutta, simplement par ce fait que le pivot entre, sinon avec difficulté, du moins

(1) Étude des considérations mécaniques et dynamiques qui régissent l'exécution des dents à pivot. *Province dentaire*, Juillet 1911.

avec une justesse extrême : or, il n'est pas possible
de faire un trou ovale ou carré parfaitement
calibré.

Un pivot plus petit que le canal, noyé dans une
matière sur laquelle on compte pour tenir le tout
en place, c'est l'histoire d'un clou fixé dans du
plâtre, qu'une succession d'efforts arrive rapidement à desceller.

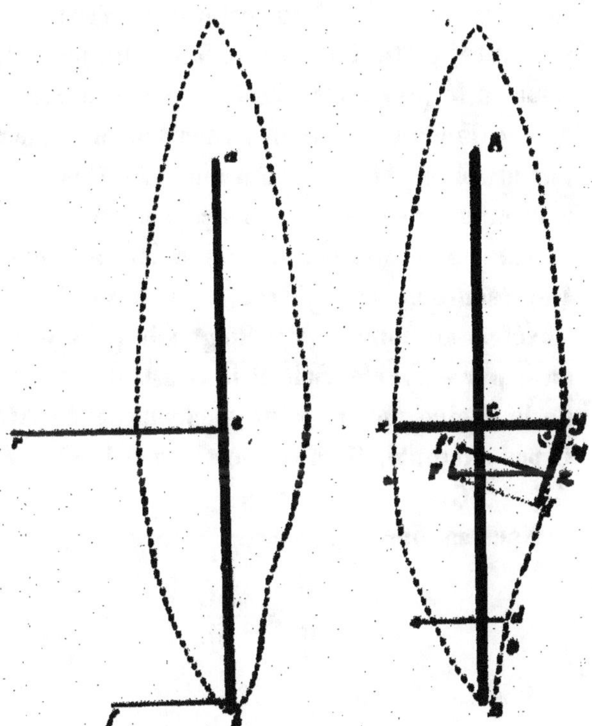

Fig. 4 et 5. — Étude des forces agissant sur le pivot.

2° *Le pivot doit être le plus long possible.* — Si nous considérons comme fixe l'extrémité du pivot, la couronne à pivot, par rapport à un pivot quelconque du canal radiculaire, se comporte comme un levier du deuxième genre. La résistance (racine) est placée entre le point d'appui (extrémité du pivot) et la puissance (effort sur la couronne). Dans ce levier, le bras de levier de la puissance est plus grand que celui de la résistance, et par suite, cette dernière force est toujours supérieure à la puissance. C'est là qu'est le danger.

Soit donc la dent representée schématiquement par un pivot AC, une couronne CB. Contre cette couronne, s'exerce la puissance des muscles masticateurs par l'intermédiaire de la dent antagoniste. Représentons par F cette force et faisons-la s'exercer au point le plus éloigné du point d'appui, en B par exemple. Soit R la résistance nécessaire de la racine en un point quelconque de AC, en C par exemple. Quel rapport y a-t-il entre F, R, AC et BC?

Nous savons que :

$$\frac{F}{R} = \frac{AC}{AB}$$

d'où :

$$R = F \times \frac{AB}{AC}$$

mais :

$$AB = AC + BC$$

d'où :

$$R = F \times \frac{AC + BC}{AC}$$

$$= F + \frac{FBC}{AC}$$

Or, BC est constant, c'est la longueur de la couronne à remplacer que nous ne pouvons pas faire varier, à notre gré. AC seul est variable, c'est la longueur du pivot. La résistance utile d'un point de la racine sera donc en raison inverse de AC; plus AC sera grand, plus cette résistance sera petite. Ce raisonnement s'appliquant à tous les points conquis entre A et C, la fracture de la racine sera donc d'autant moins à redouter que le pivot sera plus long.

3° *Le pivot doit être le plus gros possible* pour deux raisons : d'abord raison de résistance, ceci se passe de commentaires.

En second lieu, ce qui va maintenir la couronné à pivot en place, c'est l'adhérence du ciment ou de la gutta à la racine d'une part, au pivot d'autre part. Cette adhérence, la longueur du pivot et le métal employé restant les mêmes, sera proportionnelle au carré du diamètre du pivot employé, puisque ce pivot est cylindrique.

Il va de soi que plus le pivot augmente de diamètre, plus la résistance de la racine diminue. Et il ne faut pas manquer de penser à l'un en s'occupant de l'autre.

Il faut choisir le plus grand pivot possible eu égard à la racine et sans risquer de diminuer par trop la résistance de celle-ci.

4° *Le pivot doit être en platine iridié à 10 pour 100,* car cet alliage retrouve son élasticité après avoir été soudé, et ne s'oxyde pas, assurant ainsi un attachement parfait aux autres parties de la couronne.

Le platinoïde, l'iridiomoïde, etc., ne présentent pas les mêmes avantages. L'or n'offre pas une résistance suffisante à la torsion.

CHAPITRE VIII

Préparation de la racine.

Le pivot étant déterminé de façon précise, quant à sa forme, à ses dimensions et à la nature du métal employé, voyons maintenant comment doit être préparée la racine que nous voulons couronner.

1º *Soins de la racine.* — Ce n'est pas le lieu de décrire les soins des canaux. Disons seulement qu'avant tout forage, tout agrandissement du canal, *la racine doit être en parfait état d'asepsie.*

Il faut surtout éviter l'erreur de certains praticiens qui, sous prétexte de faciliter les soins d'asepsie du canal, commencent par le forer et lui donnent ensuite son diamètre définitif, puis le soignent. En opérant ainsi, ils refoulent des produits septiques à l'apex de la dent, et le travail peut être définitivement compromis.

2º *Sectionnement de la couronne.* — a) Plaçons-nous d'abord dans le cas d'une dent dont la couronne existe encore. C'est le cas d'une couronne que la résistance précaire incite à couper et à remplacer avant tout accident ; c'est le cas d'une couronne inesthétique par suite de carie, de décoloration ; c'est enfin le cas d'une dent que nous allons couper et remplacer dans un but d'orthodontie. Dans ce cas, commencer, si la pulpe est vivante, par la détruire au moyen d'un caustique (acide arsénieux) ou par l'extirper sous anesthésie locale (novocaïne adrénaline), puis (1), avec un foret bien trempé et bien affûté, transpercer la dent d'outre en outre à sa base ; ensuite, avec une bonne fraise à fissure introduite dans le tunnel, achever la section à droite et à gauche.

Il faut bien se garder de sectionner à la pince coupante : car l'on détermine souvent ainsi des fractures obliques de la racine.

b) Cas d'un moignon. — S'il est évidé par la carie, réséquer à la pince coupante par petits coups ; s'il ne l'est pas, l'évider avec une bonne fraise et procéder comme pour le cas précédent.

Il faut, si c'est possible, conserver le talon en arrière, afin de soustraire le joint à l'influence des fermentations acides qui se développent au voisinage du bord gingival.

Forme à donner à la base de la racine. — Cette

(1) J. FERRIER : *Revue de Stomatologie*, 1903.

forme varie suivant le système choisi, et nous l'indiquerons au moment d'étudier l'exécution des diverses couronnes à pivot.

FORAGE DE LA RACINE

Il faut commencer par bien repérer la longueur et la direction du ou des canaux; à cet effet, on emploie habituellement les sondes de Donaldson; malheureusement elles sont .très flexibles et ne renseignent guère sur les irrégularités de direction du canal, et il arrive au meilleur opérateur de pratiquer une fausse route sur une racine coudée.

La radiographie donne des renseignements très précis sur la forme et la direction de la racine, surtout si l'on emploie la méthode de Belot; et peut-être serait-il prudent de recourir dans bien des cas à un examen aux rayons X, s'il n'y avait là pour les patients un sujet de perte de temps et surtout une dépense que peut-être ils n'admettraient pas aisément. Disons, pour ne pas être exclusifs, que lorsque le moindre doute existe — en particulier pour les petites molaires — sur la direction, la grosseur des racines, il faut recourir à la radiographie.

A défaut, déterminer à l'aide d'une *sonde rigide* la direction, la longueur du canal. Puis suivre ce canal avec une fraise à tête ronde d'un diamètre à peine supérieur à celui de la sonde employée; la remplacer par une fraise de numéro suivant, et ainsi de suite jusqu'à ce qu'on ait atteint le diamètre désiré. Terminer alors avec une fraise cylindrique bien calibrée, dont le diamètre sera *précisément* celui du pivot.

Considérations sur la valeur respective
des différentes racines.

Le pivot, nous l'avons vu, devra être le plus gros possible. Cependant, étant donné que plus son diamètre augmente, plus la résistance de la racine diminue, il va de soi que le maximum de grosseur du pivot devra être fonction du volume de la racine. Ici encore la radiographie pourrait donner des indications des plus utiles, mais, à son défaut, les connaissances que nous avons des racines des dents vont nous servir.

Il est bien évident que le pivot que pourra supporter une racine de canine supérieure ne ressemble pas au pivot pour incisive centrale inférieure.

Puisque nous avons admis que seules les dix dents de chaque mâchoire sont susceptibles de supporter les couronnes à pivot, étudions les racines de chacune d'elles :

Les incisives centrales supérieures

possèdent de longues et épaisses racines : le pivot sera gros et long.

Les incisives latérales supérieures

sont souvent très courtes; il faut bien repérer la longueur de leur canal, afin d'éviter que la fraise ne dépasse l'apex.

Les canines supérieures et inférieures

sont les plus favorables à ce genre de prothèse par leur volume et leur solidité.

Les incisives inférieures

rarement atteintes par la carie sont aplaties latéralement; il faut tenir compte de cette disposition et agrandir le canal avec beaucoup de précaution pour ne pas affaiblir outre mesure la racine.

Les premières prémolaires supérieures

sont sûrement celles de toutes les dents qui ont donné lieu au maximum de fausses routes. Leurs racines, souvent réunies en une seule, sont parcourues par deux canaux dont l'élargissement demande beaucoup d'attention. Il faut savoir se contenter de pivots fins. Si les canaux sont réunis au voisinage de la gencive et si leur séparation ne commence qu'à quelques millimètres plus haut, on peut, dans le but de n'avoir qu'un pivot, abattre, toujours avec prudence, quelques millimètres de l'éperon qui les sépare et user d'un pivot aplati (1).

Les deuxièmes prémolaires supérieures et toutes les prémolaires inférieures

ont un canal unique dans une racine généralement robuste et qui admet un élargissement suffisant.

(1) J. FERRIER : *Loco citato.*

Accidents pendant la préparation
des racines.

1º *Éclatement* de la racine dû généralement à
l'emploi de la pince coupante. Presque toujours,
l'éclatement est en forme de sifflet et d'une répa-
ration difficile.

Cependant, si la maladresse de l'opérateur n'a
pas provoqué un désastre trop considérable et
irréparable, voilà comment il faut opérer.

La surface de section étant ruginée, les angles
abattus, disposer autour du pivot une boulette
de cire ramollie et mettre en place : la cire prend
exactement l'empreinte de la surface de section;
elle sert à construire un bloc en or coulé qui,
soudé au pivot, permettra l'adaptation exacte de
la couronne à la section de la racine.

2º *Fausse route.* — Cet accident, souvent fatal
et compromettant irrémédiablement la racine, ne
doit cependant pas être considéré toujours comme
irréparable. Les insuccès dans sa thérapeutique
sont nombreux, très nombreux même; mais il
suffit d'un bon résultat, même rare, pour justifier
tous les essais. La fausse route établie, et de suite

constatée par la petite hémorrhagie qui survient, tarir celle-ci par un attouchement à la solution de chlorhydrate d'adrénaline au 1/1000 et éviter dès lors toute application de médicament; tous sont inutiles, sinon nuisibles, et le plus sage est d'obturer la fausse route dans sa partie la plus voisine du canal avec un petit bloc d'or ou une boulette d'amalgame *légèrement* foulée et maintenue en place à l'aide de ciment. Reprendre le travail interrompu, après avoir mis la dent en observation pendant un mois au moins.

3° *Dépassement de l'apex.* — Cet accident est moins grave; mais lors de la pose de la couronne, le ciment est souvent refoulé au-delà de l'apex et cause de l'inflammation. Dans les cas les plus heureux, une boulette de ciment vient après de longs mois se faire jour par la gencive et s'éliminer.

Si cette éventualité ne se produit pas, et que l'inflammation, la douleur, sont vives, il faut, après anesthésie locale, inciser la gencive et perforer au moyen d'un foret l'alvéole au niveau de l'extrémité de la racine, afin d'extirper le corps étranger.

Si l'on a affaire à une racine atteinte de fistules anciennes, lorsque l'apex a été détruit, l'accident que nous venons de signaler est inévitable.

CHAPITRE IX

Principales sortes de Couronnes à pivot.

Quelles qu'elles soient, elles ne sont jamais que des variétés des trois couronnes schématiques, que nous avons étudiées; presque toutes elles ont le défaut de ne pas satisfaire aux conditions de résistance soit du pivot, soit de la couronne, que le praticien et le patient sont en droit d'exiger.

Nous ne retiendrons que les modèles vraiment intéressants, permettant de faire face à tous les cas, et nous verrons successivement.

    I. — La couronne ordinaire.

    II. — La couronne à bague.

    III. — La couronne à demi-bague.

    IV. — La couronne construite avec une dent naturelle.

    V. — La couronne construite avec une dent à tube.

    VI. — La couronne à talon porcelaine.

    VII. — La couronne de Logan.

    VIII. — La couronne de Davis.

    IX. — La couronne Hémery-Linet.

X. — La couronne avec pivot à gaine.
XI. — La couronne provisoire.

1° LA COURONNE ORDINAIRE

La base de la racine destinée à supporter cette couronne sera préparée ainsi : conserver si c'est possible le talon en arrière, et donner à la section la forme générale d'une voûte : de cette façon, la plaquette base emboîtera dans la voussure et empêchera la rotation de la dent.

Pour exécuter la couronne ordinaire, la plus simple, il nous faut essentiellement :

a) Un pivot en platine iridié, d'un diamètre rigoureusement égal au diamètre de la dernière fraise employée (1).

b) Un morceau de plaque d'or à 24 carats aux 5 ou 6 de la filière française (2).

c) Un morceau de plaque d'or platiné au 9 ou au 10 (3).

(1) Voir page 49.

(2) Il est préférable d'employer pour la plaquette de l'or à 25 carats, parce que :

a) Il est plus malléable et s'estampe par conséquent mieux.

b) Son point de fusion étant à une température très élevée, il met le mécanicien à l'abri d'ennuis au cours de la soudure.

(3) Ici, au contraire, l'emploi de l'or platiné est à recommander de préférence à tout autre à cause de sa raideur. C'est en effet sur

d) Une dent appropriée comme *forme, grandeur,*
à la dent symétrique; comme *couleur,* en harmonie
avec les dents qui l'encadreront (1). Nous savons,
en effet, que les dents n'ont pas toutes les mêmes
teintes, que les canines en particulier sont souvent
d'une couleur très différente des autres dents.
Sans qu'il y ait autant d'écart entre elles, l'incisive
latérale est plus foncée que l'incisive centrale, la
première prémolaire plus que la seconde. Il faut
dans le choix de la dent de remplacement se préoccuper de la teinte non d'une dent, mais de deux.
Je passe sous silence le cas de dents altérées par
des caries et qui nous obligent à choisir une couleur
presque fantaisiste. Disons donc que la couleur
de la dent artificielle doit être en *harmonie* avec
les autres dents.

Il ne faut pas perdre de vue, au cours du choix
de cette face de porcelaine, que la plaque de métal
qui la doublera tout à l'heure va en ôter la trans-

la *contreplaque* que va porter tout l'effort de la dent antagoniste,
et, malgré la soudure qui recouvrira cette contreplaque, l'emploi
d'un métal très résistant et bien épais doit être préféré.

(1) Il faut dans le choix de la couronne de remplacement avoir
le plus grand souci de choisir une couronne de la forme et de la
grandeur de la même dent du côté opposé, de même qu'il faudra
lui donner une position ou une direction symétrique à celles de
cette dent. Dans une arcade dentaire, c'est en effet la symé-
trie des deux côtés de la mâchoire qui donne le plus l'illusion
de la parfaite régularité des dents, de même que l'uniformité
de teinte donne l'illusion de la blancheur.

parence et en changer la couleur; une contreplaque en or l'accentuera dans le ton jaune, une contreplaque en platine dans le ton gris (1).

L'exécution de la couronne ordinaire à pivot peut se résumer aux opérations suivantes :

1º Placer dans la racine le pivot choisi, dépassant la gencive de 4 à 5 ᵐ/ₘ.

2º Prendre le moulage des mâchoires en soignant particulièrement la région de la couronne à remplacer et

3º En faire des moulages positifs (2).

(1) Quoi que nous fassions, il ne faut pas penser arriver à la perfection. — A part quelques exceptions malheureusement très rares, il n'est pas permis d'espérer que la porcelaine arrive jamais à passer inaperçue, surtout pour l'œil exercé ou seulement sensible aux couleurs. Cela tient à ce que l'indice de réfraction de la porcelaine et celui des dents naturelles étant différents, la position de la source de lumière, son orientation, deviennent des facteurs importants, capables de modifier complètement les résultats. Une dent choisie avec une exposition au nord ne sera pas correcte avec une exposition au midi; dans la même orientation, une dent parfaite à 9 heures sera médiocre à midi, pitoyable à 16 heures; que dire alors de la lumière artificielle !

(2) Le moulage de la mâchoire, comme tous les moulages en prothèse dentaire, doit être pris au *plâtre d'albâtre*. C'est la seule matière d'empreinte donnant la reproduction parfaite des espaces interdentaires; de plus elle est propre, puisqu'elle ne sert qu'une fois, et son prix est modique; on ne peut lui reprocher que d'être d'une manipulation un peu délicate. Les autres substances employées dans le même but sont loin de fournir des empreintes exactes; elles donnent lieu à du tirage ou se contractent en refroidissant.

Cependant, pour un travail aussi limité que l'exécution d'une couronne à pivot, on peut opérer de la façon suivante et éviter

4° Faire de la surface de section de la racine un moulage en métal (métal de mellotte, ou zinc, ou métal d'Arcet) (1).

5° Découper dans la plaque d'or au 5 un disque ayant la grandeur de la surface de section de la racine, et l'estamper à l'aide du modèle en métal.

6° Percer cette plaquette d'un trou où l'on fait passer le pivot qu'on y soude.

7° Ajuster la dent en porcelaine sur le modèle, de façon qu'elle soit identique à celle du côté opposé.

8° La contreplaquer. Cette opération réserve bien des mécomptes, occasionne bien des fractures de la porcelaine. On emploie de l'or platiné au 10, car le platine ne peut être estampé et bruni sur la dent d'une façon parfaite, et les points qui ne

ainsi les ennuis d'une empreinte au plâtre, tant pour le patient que pour l'opérateur.

Chauffer le pivot et, dans la partie qui dépasse la racine, l'entourer d'une boulette de gutta-percha ramollie. Mettre le pivot en place et modeler avec beaucoup de soin la boulette de gutta sur la racine; puis refroidir au chlorure d'éthyle et prendre l'empreinte générale de la mâchoire avec une substance plastique (godioc, stent, cire) pas trop chaude. Puis couler le modèle positif.

(1) L'emploi de l'or à 24 carats au 5 permet souvent de se dispenser d'un modèle en métal. Pour cela, couler le modèle positif en plâtre d'albâtre, bien laisser sécher et stéariner. La plaque d'or, une fois recuite, peut être façonnée directement sur le plâtre stéariné, si la partie restante de la racine ne présente pas trop d'irrégularités.

s'appliquent pas exactement sont portés à température plus élevée que le reste et perforés (1).

Les trous de la plaquette, pratiqués au moyen de la pince de Young, doivent être d'un diamètre plus grand que celui des crampons, afin de permettre leur dilatation. Il est utile de munir la région des crampons d'une seconde plaquette qui est forcée sur les crampons, pour éviter le passage du borax et ménager un espace libre au collet de chaque crampon; puis les crampons sont recourbés vers les côtés proximaux.

La protection du bord incisif de la porcelaine contre la fracture sera assurée par la forme spéciale de la contreplaque (2) : la porcelaine sera meulée en forme de biseau, et la contreplaque ajustée comme il est indiqué sur la figure 6.

De cette façon, la porcelaine sera protégée, et l'or invisible si l'on examine la couronne de face.

9° Fixer, à l'aide de cire collante, la couronne contreplaquée, au système pivot-plaquette.

10° Essayer en bouche, faire à la direction, à la position de la dent, toutes retouches utiles.

11° Placer le tout en revêtement.

La meilleure substance de revêtement pour les couronnes à pivot est la suivante : Mélanger une

(1) Clarence S. GRIEVES : *Dental Cosmos*, Mars 1908.
(2) EVANS : *Loco citato*.

partie de plâtre pour deux de poudre de marbre; à cette composition incorporer une petite quantité de fibres d'amiante pour empêcher les crevasses, et un peu de sulfate de potasse pour activer le durcissement (Roussel).

La porcelaine est placée la première pour qu'elle soit entièrement protégée, la cire en dessus sans être recouverte. Laisser durcir, puis enlever la cire à l'aide d'eau bouillante. Nettoyer les surfaces à souder, les recouvrir de borax et placer de la soudure à 22 carats entre la contreplaque et la base. Le tout est placé sur un bloc à souder; il faut alors chauffer graduellement et d'une façon égale tout le métal; bientôt la soudure coule entre la contreplaque et la plaquette-base et l'on ajoute des paillons jusqu'à ce que l'espace soit entièrement comblé. Enlever alors la dent rapidement, et la laisser refroidir lentement, puis la plonger dans l'acide; il ne reste plus qu'à la polir.

On peut simplifier le travail précédent et en hâter l'exécution, sans pour cela que la perfection en soit diminuée; il faut opérer de la façon suivante :

1º Prendre un pivot dépassant de 4 à 5 millimètres la racine.

2º Découper, dans une plaque d'or à 24 carats au 5, un disque ayant la grandeur de la surface de section de la racine, le perforer de façon à ce que le pivot le traverse à frottement dur. Repérer le point où ils doivent être soudés l'un à l'autre.

Souder. — Directement sur la racine, à l'aide du maillet automatique, ajuster la plaquette à la racine.

3º Prendre les moulages et finir comme précédemment (7, 8, 9, 10, 11).

Forme à donner à la section de la racine. — Il faut préparer l'extrémité de la racine de telle sorte qu'après la pose du collier, il n'y ait aucune aspérité, aucune saillie sous la gencive. Conserver un

Fig. 6. — Forme à donner à la contreplaque (qu'il s'agisse d'une couronne ordinaire ou d'une couronne à bague).

peu plus de couronne naturelle que pour la couronne ordinaire, tant du côté labial que du côté lingual, surtout s'il s'agit de prémolaires; on donnera ainsi plus de force à la bague. Décortiquer alors toute la base de la racine pour lui donner la forme d'un tronc de cône à petite base coronaire. Employer à cet effet de fines meules en corindon et surtout les fraises coniques du Dr Evans, qui, montées sur la pièce à main ou l'angle droit, donneront rapidement le résultat désiré. Arrondir ensuite les angles avec des limes très fines : on donne ainsi à l'extrémité de la racine une forme de tronc de cône aussi cylindrique que possible,

FIG. 7. — La couronne à bague.

et terminer en la polissant avec des disques de papier émeri. Pour la couronne à demi-bague, la préparation est la même, sauf qu'on doit meuler la couronne du côté labial afin de dissimuler le joint sous la gencive.

L'exécution de la couronne à bague comprend deux temps bien distincts :

1° Exécution de la coiffe, ou bague.

2° Exécution de la couronne proprement dite.

1° *Exécution de la coiffe.* — Le métal employé sera de l'or à 22 carats ou du platine au 5 de la filière française. La racine ayant été préparée, prendre à l'aide d'un fil et du dentimètre le périmètre de la racine au niveau du collet. Construire une bague d'or ou de platine de ce périmètre, dont la hauteur soit un peu supérieure à la plus grande hauteur de ce qui reste de couronne. L'ajuster directement en bouche et la réduire le plus possible du côté labial, afin qu'elle soit presque invisible. Prendre à l'aide de gutta-percha ramollie l'empreinte de la racine à l'intérieur de la bague.

Couler cette petite empreinte et estamper une plaquette sur le modèle obtenu. Souder à la bague. Essayer. Faire à la plaquette un trou correspondant au canal agrandi de la dent, y faire passer le pivot à frottement dur et déterminer dans la bouche l'endroit où le pivot doit être soudé à la plaquette. Souder.

2° Finir comme dans le cas de la couronne ordinaire (7, 8, 9, 10, 11).

La couronne à bague, dont nous avons déjà discuté les avantages et les inconvénients, sera employée exclusivement pour les prémolaires, dans le cas de racine très cariée, très affaiblie, et surtout si elle doit servir de support pour un bridge.

Si l'on désire renforcer une couronne destinée à une racine d'incisive ou de canine, on donnera la préférence au système suivant.

Cette couronne, amélioration esthétique de la couronne à bague, en diffère en ce que la partie vestibulaire du collier est abattue, ce qui permet d'ajuster directement la face de porcelaine sur la racine.

Son exécution, assez méticuleuse, s'inspire de l'exécution des deux précédents systèmes.

Préparer d'abord la racine comme il a été dit (page 64).

Puis construire la plaquette, y ajuster et souder le pivot, comme pour une couronne à pivot ordinaire; prendre alors une empreinte très fine (au plâtre d'albâtre); et sur le modèle obtenu construire, au laboratoire, la demi-bague.

Pour cela prendre une bande d'or à 22 carats au 5, ayant un peu plus de hauteur que ce qui reste de couronne, et un peu plus longue que la moitié du périmètre du collet.

L'ajuster sur le bord gingivo-lingual et le fixer sur la plaquette-base avec de la cire collante.

Puis, en ayant soin de brunir la bague autour de la racine et de limer la partie dépassant la plaquette-base, essayer et terminer comme pour la couronne ordinaire (7, 8, 9, 10, 11).

4° LA COURONNE NATURELLE

C'est la plus belle, nous l'avons dit, c'est la dent de Fauchard, dont l'antisepsie a fait une chose plus facilement acceptable, et que les perfectionnements dans l'instrumentation et dans les moyens de fixation ont rendu facile à exécuter et solide.

Elle est le type de la couronne à pivot que nous avons définie : une couronne postiche fixée à une petite tige (pivot) scellée elle-même dans le canal agrandi d'une dent découronnée.

Son exécution réclame donc essentiellement :

1° *Un pivot.*

2° *Une couronne.*

1° *Le pivot.* — Après l'agrandissement du canal de la dent, nous choisirons comme nous l'avons vu un fil rond de platine iridié, exactement calibré.

2° *La couronne.* — Il faut une dent dont le tissu soit dense, l'émail sain, et qui provienne d'un sujet de vingt-cinq à quarante ans. Avant cet âge, les dents ont un canal trop large, un ivoire trop peu dense et un émail trop peu résistant. Après quarante ans, leur ivoire trop dense, au contraire, est sujet à se fendre lorsqu'on les travaille, et leur émail a une nuance jaunâtre.

Il faut, en outre, la choisir la plus parfaite possible comme forme, comme couleur et comme grandeur. Commencer par en détacher la couronne par un trait de scie donné un peu au-delà du collet, puis la faire bouillir pendant un quart d'heure dans la solution suivante :

```
Formol à 40 % . . . . . . . . .     5 gr.
Eau. . . . . . . . . . . . . . .  100 gr.
```

La racine étant soignée, sectionner la dent ou le moignon de dent, comme pour la couronne ordinaire, puis agrandir le canal, y adapter le pivot, celui-là même qui nous servira : il devra dépasser la racine sectionnée d'une longueur sensiblement égale à la couronne de remplacement.

1° Prendre au plâtre d'albâtre une empreinte de chaque mâchoire.

2° Couler les modèles, les articuler.

3° Ajuster la couronne postiche tant sur la racine sectionnée qu'en rapport avec les dents de la mâchoire antagoniste.

4° Repérer bien exactement à l'aide de couleur rouge le point où le pivot doit rencontrer la couronne postiche.

5° En ce point, creuser (1) dans celle-ci une cavité destinée à recevoir la partie débordante du pivot; il faut se garder, non seulement d'atteindre l'émail des faces linguale ou labiale, mais encore de l'approcher : car, dans la bouche, la couronne serait vite tachée à l'endroit de contact.

Cependant, si l'on traversait la couronne, l'esthétique seule en souffrirait, mais non la solidité.

6° Pour l'essayage, fixer à la cire collante le pivot à la couronne postiche.

L'ajustement ayant été vérifié, il ne restera plus qu'à sceller la couronne. Nous omettons volontairement les procédés de fixation de la couronne naturelle au moyen de pivot taraudé ou de pivot rivé. Ces méthodes, excellentes au temps d'Andrieu, sont tout à fait désuètes, maintenant que nous avons à notre disposition un matériel de scellement très supérieur à celui dont disposaient nos prédécesseurs.

La couronne naturelle ainsi construite, bien choisie, bien ajustée, approche de la perfection, et il est fort difficile de s'apercevoir qu'il s'agit d'une dent rapportée, d'autant plus qu'au bout d'un certain temps elle prend la teinte des dents voisines, grâce à l'action de la salive.

---

(1) Cette opération doit être exécutée au moyen d'une fraise de diamètre rigoureusement égal au diamètre du pivot, mesuré à la filière.

Mais il faut avoir affaire à une bouche encore jeune, dont l'articulation, grâce à sa hauteur, permet d'établir une prothèse solide. On doit aussi s'assurer que le milieu buccal n'est pas acide.

Le patient à qui nous destinons cette couronne à pivot n'en retirera un bon usage que s'il prend chaque jour des soins assidus et se maintient toujours la bouche en bon état; sinon, la couronne postiche se cariera, se ramollira et sera détruite en un temps très court, parfois moins de deux ans.

Ces raisons, jointes à la difficulté de se procurer des couronnes naturelles, en limitent l'emploi, d'autant plus qu'il est presque impossible de trouver des incisives ou des canines de forme satisfaisante.

Mais on y aura recours chaque fois que toutes les conditions se trouveront réunies, car elles sont inégalables au point de vue esthétique.

5° LA COURONNE A TUBE

La couronne à tube n'est qu'une variante de la couronne naturelle. Elle se compose essentiellement d'une couronne artificielle en porcelaine, traversée dans toute sa hauteur par un canal cylindrique. Pour protéger la porcelaine avoisinant ce canal, on a placé dans celui-ci un tube de platine scellé dans la pâte céramique au moment de la cuisson.

De là le nom de couronne à tube.

Cette couronne a sur la couronne naturelle cette infériorité d'être artificielle, mais, en revanche, elle a cette supériorité de se trouver plus facilement et en grand nombre et de permettre ainsi une plus grande exactitude en tant que forme, couleur et dimensions. Mais les difficultés sont encore grandes, le choix des couronnes à tubes qui sont dans le commerce étant extrêmement restreint. Il reste bien la ressource de peindre, de colorer celles dont on dispose, mais encore faut-il que la teinte première s'y prête.

Quoi qu'il en soit, notre choix arrêté, voyons le *modus faciendi :*

1° *Le pivot.*

Toujours en platine iridié, le pivot doit dépasser la racine à laquelle il est destiné, d'une longueur sensiblement plus grande que la longueur du tube de la couronne postiche.

Comme dans le cas de la couronne naturelle :

2º Prendre une empreinte au plâtre d'albâtre de chaque mâchoire.

3º Couler les modèles et les articuler.

4º Diminuer le calibre de la partie du pivot dépassant la racine, jusqu'à ce qu'il entre très exactement sans flottement dans le tube de la couronne artificielle.

5º Ajuster la couronne postiche tant sur la racine sectionnée qu'en rapport avec les dents de la mâchoire antagoniste.

6º Pour l'essayage, fixer à la cire collante le pivot à la couronne.

Nous avons déjà vu quels étaient les avantages et les infériorités de la couronne à tube sur la couronne naturelle.

Reprenons cette discussion à un point de vue plus général :

a) (1) Les couronnes à tube ne subissent pas l'action du feu, puisqu'on n'a pas à les souder; c'est une chance de moins que la porcelaine se fracture.

____

(1) ROUSSEL : *Couronnes artificielles et bridge work.*

b) Leur surface occlusale a le même diamètre ou un diamètre légèrement plus grand que leur base; la couronne est ainsi soutenue sur toute sa surface, et l'action de la mastication s'exerce presque verticalement; leur épaisseur leur permet en outre de résister à des pressions très fortes.

c) Elles ne sont pas doublées intérieurement d'une surface métallique; par conséquent, leur teinte n'est pas modifiée et se rapproche de la nature.

d) Et surtout, énorme avantage, elles peuvent être remplacées facilement en cas de fracture de la porcelaine, sans qu'on ait à toucher au pivot.

Malheureusement on ne peut guère les employer pour les canines ou les incisives, car leur forme ne leur donne pas un aspect assez naturel; de plus, leur base, trop réduite, ne permet pas toujours de couvrir entièrement la racine de ces dents, dans le sens antéro-postérieur. Elles exigent en outre une articulation de hauteur normale.

Ces inconvénients font que l'on doit réserver les couronnes à tube pour les racines de prémolaires, et leur facilité de remplacement, jointe à leur solidité, les fera surtout utiliser quand la couronne devra servir de support à un bridge.

Dans ces deux cas, elles donnent d'excellents résultats.

6° LA COURONNE A TALON PORCELAINE

Les progrès de la céramique appliquée à l'art dentaire, la création de fours électriques d'un prix très abordable, leur emploi facile ou mieux automatique (plomb fusible), ont permis, depuis quelques années, d'exécuter dans le laboratoire même du praticien une couronne à pivot tout en porcelaine tenant à la fois de la couronne à tube et de la couronne ordinaire; à l'une, elle emprunte sa belle imitation de la nature, à l'autre, son pivot mathématiquement choisi, et la facilité de se procurer la forme, le volume et la couleur désirés. On l'emploiera avantageusement toutes les fois que la hauteur de l'articulation permettra de donner à la porcelaine un volume suffisant pour que le système soit résistant, et surtout pour les incisives et les canines.

Cette couronne est constituée essentiellement par une couronne à crampons soudés à un pivot en platine, le talon de la couronne étant ensuite exécuté en porcelaine (émail).

COMPOSITION DE LA PORCELAINE

Les émaux employés en art dentaire sont formés des corps suivants :

La silice ou oxyde de silicium; infusible, elle forme la base du mélange; c'est elle qui donne de la solidité à l'ensemble; la silice diminue le retrait du kaolin; elle est rendue fusible par le feldspath.

Le kaolin, composé de neuf parties de silice et de huit parties de silicate d'alumine hydraté; il lie entre elles les substances qui constituent la porcelaine et donne de l'opacité.

Soumis à une haute température, il se déshydrate et diminue de volume.

Le feldspath : c'est un silicate double d'alumine et de potasse avec des traces de calcium et de fer. Le feldspath donne la transparence de la porcelaine, et il rend fusibles la silice et le kaolin.

Le fondant constitué par des carbonates alcalins.

LA COLORATION de la porcelaine est fournie par des oxydes métalliques; citons-en quelques-uns : l'oxyde de titane donne une teinte jaune, l'oxyde de fer une teinte brune, l'oxyde de cobalt une teinte bleue, etc.

LE POINT DE FUSION des porcelaines du commerce est important à connaître, car, si l'on emploie une dent dont le point de fusion est très élevé, on prendra pour former le talon une porcelaine à haute fusion, ayant moins de fondant, plus solide, et se rétractant moins; on constate une rétraction de 15 à 25 % pour la porcelaine à haute fusion, une rétraction allant jusqu'à 35 % pour la porcelaine à basse fusion.

Le point de fusion est :

Pour les dents de Ash	1240° C.
Pour les dents de White	1380° C.
Pour les dents Linet	1500° C.

Il faudra donc tenir compte de la dent employée pour la composition de l'émail, et se servir autant que possible de la dent à point de fusion le plus élevé.

Exécution. — Comme dans le cas d'une couronne à pivot ordinaire, préparer la racine, forer le canal, ajuster un pivot le dépassant de 4 à 5 %.

Prendre les empreintes au plâtre d'albâtre, couler les modèles et l'articulé, puis ajuster sur le modèle la dent, la partie débordante du pivot passant entre les crampons; ceux-ci sont rabattus vers la racine contre le pivot et près de la porcelaine. Fixer le pivot à la dent au moyen de cire collante. Essayer; souder pivot et crampon à l'aide de soudure de platine (1). Essayer à nouveau.

Exécuter alors en porcelaine le talon de la

(1) On emploie de la soudure composée de 30 % de platine et 70 % d'or; à partir de 33 % de platine et au dessus, on devrait employer le chalumeau oxhydrique.

couronne, en un mot toute la portion buccale de celle-ci.

Exécution du talon. — La partie métallique est bien décapée, bien propre. Mélanger alors la poudre, sur une plaque de verre très propre, avec de l'eau claire jusqu'à consistance pâteuse.

Saisir la couronne par le pivot dans un étau et appliquer, au moyen d'un pinceau, la pâte petit à petit jusqu'à ce que l'on arrive à former la couronne telle qu'on la désire.

La couronne est prête pour la première cuisson. Elle est placée au four et cuite jusqu'à ce que la surface de la porcelaine soit poreuse (pâte en biscuit).

Après cette première opération, essayer la couronne sur le modèle pour en vérifier l'articulation, et meuler ce qui dépasse ou ajouter ce qui manque, afin d'obtenir une articulation parfaite.

Pour la seconde et dernière cuisson, faire une pâte de la nuance voulue et l'ajouter jusqu'à ce que la couronne soit un peu plus grande que ce que l'on veut comme résultat définitif. La pratique seule détermine cette quantité.

Pour cette cuisson finale, il faut laisser la chaleur monter graduellement et maintenir la couronne au four jusqu'à ce que le corps ait une surface unie, brillante, pareille à l'émail naturel.

Choix des teintes pour donner la couleur à la porcelaine. — C'est la partie la plus délicate du travail, et la manière de mélanger les teintes pour arriver à une couleur donnée ne s'apprend que par l'expérience. Il faut donc faire de très nombreux essais avant d'espérer obtenir un résultat convenable; mais avec du travail on aura la satisfaction d'obtenir *toujours* la nuance désirée, et même plusieurs nuances sur la même couronne, approchant ainsi le plus possible de la nature.

Fusion. — Pour la fusion de la porcelaine, le four électrique est le meilleur, car il permet de régulariser et de graduer exactement la chaleur.

L'ouvrage à cuire est posé sur un support de Brophy en terre réfractaire de forme et grandeur convenables, puis mis au four, et le courant est fermé, la manette étant fixée au premier plot. Au bout de cinq minutes, toute l'humidité est chassée, et l'on peut pousser la chaleur jusqu'au point désiré. A ce moment, il faut diminuer très lentement le courant jusqu'à ce que l'on puisse retirer la pièce du four avec les doigts.

Nous ne pouvons donner dans le cadre restreint de cet ouvrage tous les détails utiles pour l'exécution des travaux en porcelaine, détails que la pratique seule apprend, du reste. Nous renvoyons le lecteur aux traités spéciaux.

LES COURONNES A PIVOT TOUTES FAITES

Ces couronnes ne sont qu'un dérivé de la couronne à tube. Il en existe deux systèmes.

Dans le premier, le pivot est fixé dans la porcelaine au moment de la cuisson.

Dans le second, le pivot, indépendant de la couronne, y sera fixé à l'aide de ciment.

Mais, dans un cas comme dans l'autre, il ne la traverse pas comme dans la couronne à tube, et c'est ce qui constitue la supériorité de ces couronnes; une fois en place, elles donnent absolument l'illusion de la dent naturelle, qu'on les regarde par la face buccale ou par la face vestibulaire. Les plus connues des couronnes toutes faites sont la couronne de Logan, la couronne de Davis, puis la couronne de Trey, la couronne de White, la couronne Justi, la couronne Johnson et Lund, la couronne Whiteside, la couronne William, la couronne Brewster. Nous verrons plus loin les avantages et les défauts des unes et des autres.

La couronne de Logan doit son nom à son inventeur, le Dr M.-L. Logan. Elle consiste essentiellement en une couronne en porcelaine au centre de laquelle un pivot en platine iridié a été fixé pendant la cuisson. Ce pivot primitivement était rond; maintenant il est construit en fer de lance, garni de rainures et de rayures pour en augmenter la rétention. Nous verrons ce qu'il faut en penser.

Avantages. — N'étant pas traversée par le pivot, la couronne de Logan a sur la couronne à tube la supériorité de se rapprocher plus de la dent naturelle. Nous ne parlerons pas de la forme et de la couleur des couronnes mises à notre disposition; elles sont souvent très satisfaisantes à ces points de vue, mais c'est là question de fabrication, et ce mérite pourrait être égalé par toute autre.

Inconvénients. — Le gros défaut de cette couronne est d'avoir son pivot scellé dans la pâte au cours de la cuisson, or, c'est là sa raison d'être. Il a fallu que les praticiens ignorent les lois mécaniques qui doivent présider à la confection des couronnes à pivot, pour que cette dent puisse avoir le succès qu'elle a obtenu. Le pivot, qui doit être choisi par le praticien, guidé par le volume de la racine, sa longueur, les dimensions de la couronne, etc., est ici choisi par le fabricant. Et si encore il était rond ! Au début, il avait bien cette forme, mais le platine employé était trop mou et le fabricant lui a substitué un pivot en fer de lance.

Si la fantaisie préside au choix des pivots, elle domine également quant au choix de leur emplacement et de leur direction.

Aussi, à supposer qu'on passe sur les erreurs de forme du pivot, est-il encore très difficile de se procurer une couronne de Logan adéquate à la racine quant à sa face vestibulaire et à son bord gingival.

Et ces défauts ne sont pas sans augmenter les difficultés d'adaptation des couronnes de Logan et sans compromettre gravement leur solidité et leur fixité.

Il faudra agrandir le canal, compter sur le ciment de scellement pour tenir la couronne, et nous avons vu ce qu'il faut en penser (voir page 43).

Quoi qu'il en soit, et en raison même de leur vogue injustifiée, étudions cependant le mode d'emploi de la couronne de Logan.

Préparation de la racine. — Le pourtour de la racine est laissé intact, on ne modifie que la base : on la meule du côté labial, jusque sous la gencive, afin de dissimuler l'union de la porcelaine et de la racine ; du côté lingual, on respecte un ou deux millimètres de couronne. La base doit être plane.

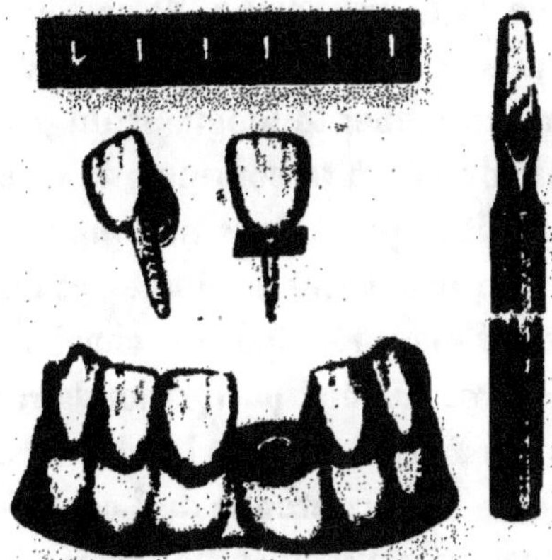

Fig. 8. — Manière d'ajuster la couronne de Logan.

Empreinte. — Un modèle au plâtre et l'articulation aideront à la recherche d'une couronne bien assortie et à son adaptation à la racine. Un pivot, tel que le pivot à empreinte du Dr Gaillard, est placé dans le canal et l'on prend l'empreinte ; le pivot provisoire a une extrémité aplatie (celle qui ne rentre pas dans le canal), et il vient avec l'empreinte, indiquant la direction du canal.

Sur le modèle, on procède à l'ajustage de la couronne, que l'on doit toujours terminer en bouche. On place le pivot de la couronne de Logan dans la racine et le canal est agrandi en profondeur et en largeur (au moyen de fraises de Gates Glidden), sans trop affaiblir la racine, et jusqu'à ce qu'il y ait contact entre l'extrémité de celle-ci et la porcelaine. Si ce résultat n'était acquis qu'aux dépens de la solidité de la racine, il faudrait diminuer la longueur du pivot.

Afin de donner à la couronne la direction voulue, on saisit le pivot dans une pince, en maintenant la couronne entre les doigts, et on le courbe. S'il s'agit d'une prémolaire à canal bifurqué, on divise le pivot en deux parties solidaires à la base, et destinées à pénétrer dans les deux canaux.

Les bords de la couronne de Logan doivent être en contact parfait avec la racine. Pour s'en assurer, prendre un morceau de papier à articuler, percé d'un trou dans lequel on passe le pivot (fig. 8); mettre la couronne en place et appuyer; s'il existe des points empêchant l'adaptation parfaite, ils sont marqués : il suffit de les meuler, puis de recommencer. Pour cette opération, il est bon d'employer les meules d'Evans, en corindon, garnies de protecteurs métalliques, pour ne pas détériorer le pivot en platine iridié.

Le Dr T.-P. Hinman a indiqué une autre méthode, excellente, pour adapter les couronnes de Logan. Voici quelle est la marche à suivre :

Préparer la racine, choisir la couronne et courber le pivot s'il y a lieu, pour que la couronne soit bien à l'alignement. Puis, placer une plaque de cire d'un millimètre et demi d'épaisseur sur la base de la couronne; prendre ensuite un disque d'étain au n° 60, le perforer et passer le pivot dans son centre. Placer alors la couronne sur la racine et appuyer jusqu'à ce que la cire applique exacte-

Fig. 9. — La couronne de Logan à collier.

ment la feuille sur la racine. Retirer le tout, faire des entailles sur les bords du disque que l'on recourbe; puis, après avoir placé un peu de cire à l'extrémité libre du pivot, faire un modèle en plâtre, en plaçant cette extrémité en bas. Quand le plâtre est dur, enlever la couronne en chauffant :

l'on a ainsi l'empreinte exacte de la racine recouverte d'une feuille d'étain dont les bords sont pris
dans le plâtre. Il ne reste plus qu'à ajuster la
couronne sur cette surface.

Couronne Logan à collier. — Lorsque l'on désire
appliquer une couronne Logan à collier, la méthode la plus simple est celle que le Dr C.-S.-W.
Baldwin a indiquée dans le *Dental Cosmos* de
janvier 1887. La voici :

Préparer l'extrémité de la racine comme pour
recevoir un collier, et élargir le canal pour recevoir
le pivot, prendre une empreinte au plâtre, couler
le modèle, faire un moule en métal fusible et
construire la coiffe, l'ajuster ensuite sur la racine
et la percer d'un trou pour le passage du pivot.
Placer la coiffe sur la racine et reprendre une
empreinte au plâtre afin d'ajuster la couronne de
Logan.

Il ne reste plus qu'à mettre en bouche, en plaçant les matières de scellement dans le canal, sur la
base de la racine et dans la concavité de la couronne artificielle.

8° LA COURONNE DE DAVIS

Sa caractéristique est que pivot et couronne sont détachés et se fixent séparément ; la couronne présente à sa base une concavité au centre de laquelle se trouve une dépression circulaire destinée à recevoir un petit plateau fixé sur le pivot.

La partie coronaire de celui-ci présente trois

Fig. 10. — La couronne de Davis.

sillons ; sa partie radiculaire, terminée en pointe, présente quatre gorges.

Avantages. — Les avantages sont, au point de vue esthétique, les mêmes que ceux de la couronne de Logan. De plus, la couronne Davis permet le choix du pivot, ce qui est important. Le plateau circulaire du pivot empêche l'inclinaison en avant ou en arrière; on n'a pas à craindre d'affaiblir le pivot en meulant la porcelaine, comme c'est le cas pour la Logan, puisque le pivot est séparé. L'exécution est facilitée par ce fait que l'on ajuste séparément pivot et couronne; enfin il est évident *a priori* que le remplacement de la couronne en cas de fracture de la porcelaine, est excessivement facile.

Inconvénients. — Le pivot de la couronne Davis, quoique supérieur à celui de la Logan, a encore l'inconvénient d'être conique, par conséquent de ne pas s'adapter exactement au canal agrandi. De plus, la fixation du pivot à la couronne à l'aide de ciment, exige une logette qui, accroissant les dimensions de la couronne, en rend souvent l'emploi impossible par suite des nécessités de l'articulation.

Exécution. — L'extrémité de la racine ayant été préparée suivant un plan horizontal, et le canal calibré exactement pour l'une des trois tailles de pivot, on essaie le pivot et on l'adapte, en le réduisant s'il le faut à ses extrémités; on le fixe alors à la cire dans la couronne et on ajuste le tout sur la racine. Courber le pivot, si cela est nécessaire, pour que la couronne soit bien à l'alignement, enlever la cire : il ne reste plus qu'à fixer.

Il est plus commode de prendre une empreinte et d'ajuster la couronne sur le modèle; vérifier ensuite en bouche si l'ajustement est correct.

C'est une couronne genre Logan, un peu supérieure cependant, car son pivot, en platine iridié, est plus réduit, et de forme conique; il est creusé d'une spirale. Elle est passible des mêmes inconvénients que toutes les couronnes à pivot fixe ; difficulté d'adaptation, impossibilité de meuler le talon sous peine de diminuer la résistance du pivot.

C'est une couronne à pivot détachable; elle est creusée au collet d'une cavité pour recevoir le ciment, et de cette cavité part une alvéole pour le pivot.

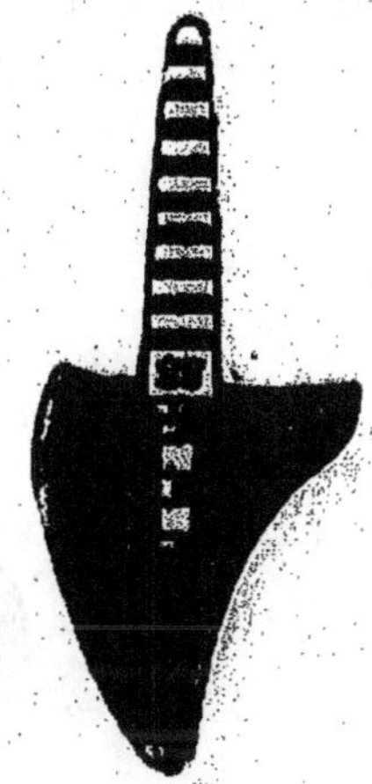

Fig. 11. — La couronne de White à pivot.

Le pivot, dans sa partie radiculaire, a la forme d'un cône aplati et évidé sur deux faces symétriques; la coupe de sa partie coronaire a la forme d'un carré à angles arrondis. Ce pivot est très mauvais, comme le pivot de la Logan.

C'est une couronne à pivot mobile; la coupe de son canal central a la forme d'un fer à cheval et la portion cylindrique est creusée de cannelures horizontales et parallèles. Le pivot possède une concavité enclavant le bord convexe intérieur du

Fig. 12.
La couronne Justi.

Fig. 13.
Coupe horizontale
de la couronne et du pivot.

fer à cheval, et il est creusé de nombreuses dentelures.

On obtient ainsi une fixité parfaite de la couronne sur le pivot, mais, pour des raisons déjà exposées, nous condamnons la forme du pivot.

Le canal de cette couronne est taraudé et l'on peut visser le pivot qui présente un pas de vis. Ce système présente les mêmes avantages que la

Fig. 14. — La couronne Johnson et Lund.

couronne Davis, avec laquelle elle présente de grandes analogies, et l'attache présente plus de garantie. Ces couronnes sont très peu répandues en France.

La caractéristique de cette couronne est que l'évidement destiné au pivot mobile est déplacé vers le côté labial, afin de laisser plus de porcelaine du côté lingual, ce qui réduit les chances de

Fig. 15. — La couronne Whiteside.

fracture et permet de meuler fortement la couronne si l'articulation l'exige. Mais le pivot, représenté parla figure, ne remplit pas les conditions que nous avons indiquées.

La couronne de Brewster est à pivot détachable, elle possède une mortaise dans laquelle s'ajuste exactement le pivot; la partie coronaire du pivot possède une échancrure à laquelle correspond un

Fig. 16. — La couronne Brewster.

évidement de la couronne; cet espace est réservé pour le ciment.

Le pivot a une forme rectangulaire : ce détail suffit pour condamner le système.

LA COURONNE WILLIAMS

Cette couronne est fabriquée spécialement pour les prémolaires supérieures et inférieures; elle comporte plusieurs types de pivots selon qu'on a affaire à des racines uni ou pluricanaliculées. Ces pivots sont détachables, et la couronne est fixée au moyen d'amalgame.

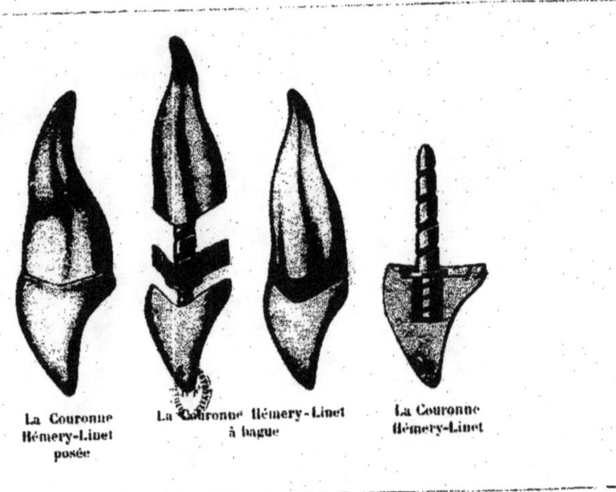

La Couronne
Hémery-Linet
posée

La Couronne Hémery-Linet
à bague

La Couronne
Hémery-Linet

LA COURONNE HÉMERY-LINET

Après avoir étudié longuement les avantages, la facilité d'adaptation de la couronne à pivot détachable, et pour éviter les inconvénients de ces couronnes actuellement dans le commerce, nous avons fait construire une couronne à pivot détachable que nous avons appelée : Couronne Hémery-Linet (1). L'originalité de cette couronne réside :

1º Dans la facilité à trouver la couronne de forme et de teinte parfaites.

2º Dans la composition de la porcelaine.

3º Dans la situation de la cavité pour l'épaulement du pivot.

4º Dans le pivot.

1º *Facilité à trouver la couronne de forme et de teinte parfaites.* — La plus grave objection qu'on ait faite aux couronnes toutes faites est la difficulté que le praticien éprouve à se procurer la couronne de forme et de teinte appropriées aux dents restantes. Or, la couronne Hémery-Linet possède un nombre beaucoup plus grand de formes et de teintes que les autres couronnes. De plus, par suite

____

(1) Du nom du laboratoire qui la fabrique.

7

de la disposition qui fait l'objet du paragraphe suivant, l'épaisseur de la couronne est moins grande que dans la couronne Davis par exemple, et peut encore être réduite par le moulage : avantage considérable qui permet de l'employer dans presque tous les cas, même d'articulation un peu basse.

En outre, comme la couronne Hémery-Linet est fabriquée à Paris, il est facile au praticien français, pendant qu'il soigne la dent, de s'adresser au laboratoire pour faire fabriquer la couronne exactement comme il la désire au point de vue forme et teinte, si toutefois elle n'existe pas. Cet avantage était jusqu'ici réservé au praticien anglais ou américain.

2° *Composition de la porcelaine.* — La composition de la porcelaine de la couronne Hémery-Linet est telle que son indice de réfraction est très voisin de l'indice de réfraction de la dent naturelle, beaucoup plus que toutes les porcelaines existant à ce jour. Le résultat est que l'œil le distingue difficilement de la dent naturelle, de quelque façon qu'elle soit touchée par les rayons lumineux, aussi bien à la lumière artificielle qu'à la lumière solaire.

C'est une supériorité esthétique importante. De plus, cette porcelaine est très homogène, et, après le meulage, on peut la repolir, effaçant ainsi toute trace de préparation.

3° *Situation de la cavité pour l'épaulement du pivot.* — Nombreux sont les cas où par la disposition de l'articulation il est impossible d'employer les couronnes toutes faites, parce qu'on ne peut réduire suffisamment leur partie linguale.

Pour obvier à cet inconvénient, dans la couronne Hémery-Linet l'évidement est reporté vers le côté labial, donnant ainsi plus de résistance au côté lingual, celui qui supporte l'effort, et permettant de meuler le talon autant que l'exige l'articulation.

4° *Le pivot.* — Le pivot cylindrique, en platine iridié à 10 %, se fait en cinq tailles; A, B, C, D, E, correspondant exactement à cinq fraises A', B', C', D', E'; de cette façon, le choix du pivot est entièrement laissé au praticien, et il est facile d'avoir un canal exactement calibré pour le pivot correspondant; l'extrémité qui rentre dans la racine est creusée d'un pas de vis. Le pivot s'introduit dans la racine comme un pivot ordinaire, et le pas de vis remplit l'office de crans de rétention pour le ciment. Mais si, pour une raison quelconque, on désire l'enlever après la mise en place, il suffit de saisir l'extrémité coronaire entre les mors d'une pince plate et de tourner de droite à gauche pour le maxillaire supérieur, de gauche à droite pour le maxillaire inférieur, de dévisser en un mot le pivot, qui sort ainsi très facilement, et qui peut même servir à nouveau. Cette disposition supprime les manœuvres si pénibles nécessaires à l'enlèvement d'un pivot.

Exécution. — Cette couronne s'emploie de la même façon que les autres couronnes à pivot mobile (voir page 88).

Il est facile de lui adjoindre un collier, si on le désire.

Voici le *modus operandi* le plus simple :

Préparer l'extrémité de la racine comme pour une couronne à bague, en donnant à la section du côté labial une direction légèrement en biseau; ce biseau a pour but de dissimuler l'union de la porcelaine et du collier.

Construire sur la racine une coiffe comme il a été dit (page 65), et faire passer le pivot choisi au travers de cette coiffe, à frottement dur. Mettre la coiffe sur la racine et prendre une empreinte, couler le modèle et l'articulé, et sur ce modèle ajuster la couronne de telle façon que la coiffe recouvre exactement sa base; se servir à cet effet d'une pâte faite de rouge et d'huile avec

laquelle on recouvre la surface de la coiffe, afin
de marquer sur la porcelaine les points de contact;
meuler ces points jusqu'à ce que l'ajustement soit
parfait; s'assurer alors que la couronne est bien
à l'alignement. Pour le scellement, on cimentera
d'abord la coiffe et le pivot, puis la couronne.

9° LA COURONNE AVEC PIVOT A GAINE

Ce système consiste à introduire dans la racine un tube dans lequel rentre le pivot, ce qui permet d'enlever la couronne et de la replacer à volonté. Cette couronne date d'une époque où l'insuffisance des spécialistes explique le succès qu'elle put avoir. Elle est aujourd'hui complètement délaissée, une couronne à pivot pouvant, avant d'être fixée définitivement, être maintenue pour quelques jours à l'aide de fibres de coton ou de gutta-percha, — ce qui permet l'enlèvement pour renouveler le pansement.

D'ailleurs, à moins d'accident fracturant la couronne d'une dent, il faut toujours avoir achevé *complètement* les soins à donner, avant de faire l'ablation de la partie coronaire.

Ceci posé, et pour être complet, nous décrirons le pivot à gaine.

C'est le *pivot rayé* ou pivot Contenau Godard qui a été le plus employé; il se compose essentiellement d'une gaine fermée ou non à son extrémité, et pourvue de sillons sur sa longueur; d'un pivot formé par deux demi-joncs s'écartant à la partie supérieure et formant ainsi ressort; ce pivot est muni de cannelures qui s'adaptent exactement aux sillons de la gaine.

Lorsque celle-ci est fixée à demeure avec du ciment dans le canal radiculaire, on peut à volonté

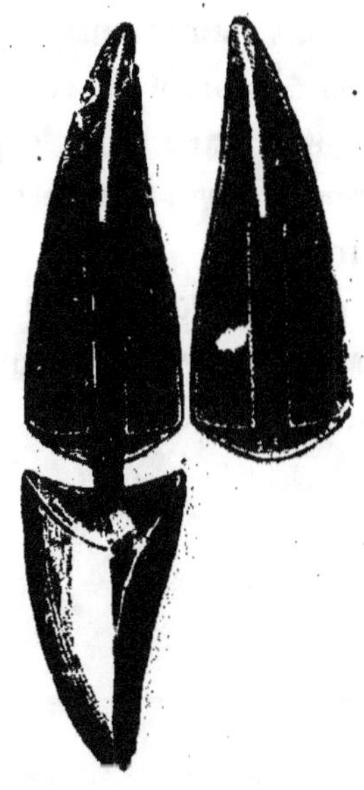

Fig. 17 et 18. — La couronne à gaine.

poser et retirer le pivot, qui s'adapte et adhère doublement :

1° Par frottement et par ses rainures longitudinales.

2° Parce que les parties qui le composent forment ressort.

Exécution. — Après préparation de la racine, repérer exactement la longueur et la dimension du canal pour choisir la gaine, et fixer celle-ci dans la racine avec du ciment. Placer le pivot provisoire (en cuivre) dans la gaine et prendre l'empreinte; placer, dans l'empreinte, la gaine provisoire en cuivre sur le pivot et couler le modèle. On retrouve la gaine fixée dans le plâtre et l'on monte la couronne à pivot sur cette gaine, de la manière ordinaire.

On écarte un peu les demi-joncs du pivot définitif et on les fait rentrer à frottement dur dans la gaine déjà fixée à la racine.

10° LA COURONNE PROVISOIRE

Un gros inconvénient pour le patient auquel
on applique une couronne à pivot est qu'il doit
rester « sans dent » pendant l'exécution du travail
d'atelier. Pour lui permettre de vaquer à ses
occupations en pleine possession de ses moyens,
on peut substituer immédiatement à la couronne
fracturée ou détruite par la carie une couronne
toute faite grossièrement ajustée. Mais la difficulté de trouver une couronne semblable comme
grandeur, longueur, largeur, forme, couleur et
articulation à la dent symétrique, fait préférer
le système suivant, car les praticiens ont un
choix de dents à crampons qui leur permet de
trouver presque toujours une facette répondant
à peu près aux conditions voulues.

Prendre un fil de melchior de la grosseur du
canal et dépassant la racine d'un centimètre;
ajuster sur la racine la dent à crampons choisie, et
la fixer au pivot au moyen des crampons que l'on
recourbe ; avec un peu d'habitude on arrive ainsi
à rendre la dent solidaire du pivot, sans employer
la cire collante.

Vérifier alors l'ajustage et souder à l'étain ou

mieux à la soudure globe, en dirigeant la flamme du chalumeau sur le pivot, sans atteindre la porcelaine. La couronne est prête à être fixée à la gutta.

Quand la couronne définitive sera terminé, on descellera la couronne provisoire et on la mettra de côté, car au bout d'un certain temps, on disposera d'un nombre assez grand de ces couronnes à l'étain pour pouvoir remplacer immédiatement, et provisoirement, la plupart des couronnes détruites.

CHAPITRE X

Scellement.

Deux substances ont été préconisées, la gutta-percha et le ciment.

a) La gutta-percha.

Ce que en art dentaire nous appelons gutta-percha est plus exactement un mélange en proportions, variables suivant les fabricants, de gutta, de cire, de résine et d'oxyde de zinc. On a fait valoir en faveur de la gutta qu'elle permettait au besoin l'enlèvement de la couronne à pivot. Mais cette faculté s'accompagne d'une fixité médiocre, et de plus la gutta, matière insuffisamment dense, se laisse infiltrer et s'infecte. On l'emploiera uniquement dans les cas où la couronne n'est placée que pour quelques jours, s'il s'agit d'une couronne à pivot provisoire, ou si l'on veut mettre en observation quelque temps la racine couronnée.

b) Le ciment.

C'est le ciment à l'oxyphosphate de zinc qui est employé : il est facile à manipuler et il donne une grande résistance à l'attachement de la couronne. Voici comment il doit être préparé en vue du scellement : Choisir le ciment de couleur correspondant à celle de la couronne à pivot; en placer une petite quantité sur une plaque de verre très propre et sèche, préalablement refroidie afin de retarder la prise du ciment; placer à côté le liquide en quantité proportionnelle à celle de la poudre; incorporer d'abord une petite quantité de poudre au liquide et en faire un mélange homogène, puis, progressivement, ajouter de la poudre jusqu'à consistance crémeuse. A ce moment, le ciment doit être employé immédiatement.

SCELLEMENT

Les précautions à prendre pour le scellement d'une couronne à pivot sont les mêmes que pour toute obturation et se résument à ceci : Éviter par tous les moyens toute trace d'humidité.

On procédera de la façon suivante :

Garnir le sillon vestibulaire d'un gros tampon cylindrique de coton non hydrophile : les cylindres vendus par les fournisseurs sont trop petits et trop mous. La masse de coton devra s'étendre à une distance d'au moins trois dents de chaque côté de la racine à couronner, et sera assez grosse pour remplir en même temps le rôle d'écartement des lèvres et des joues. L'ouverture du canal de Stenon, du côté sur lequel on opère, sera garnie d'un tampon de coton, que le travail à effectuer soit à la mâchoire supérieure ou à la mâchoire inférieure.

Dans ce dernier cas, un gros tampon refoulera la langue et assurera l'étanchéité de la face buccale des dents.

A l'aide de coton hydrophile ou d'amadou, sécher les dents et la gencive avoisinant la racine à couronner, ainsi que cette dernière.

Un lavage avec un mélange à parties égales d'éther et d'alcool de la section de la racine et du canal en enlèvera les matières grasses et en facilitera le séchage. Ceci fait, placer sur la racine un tampon de coton pendant la préparation du ciment. Celui-ci sera gâché, comme nous venons de le dire (Il devra être assez clair, la parfaite adaptation du pivot au canal devant rendre l'expulsion de l'excès de ciment très difficile). Le ciment prêt, en enduire largement le pivot (1) et la couronne, et à l'aide d'une fine spatule, en

---

(1) Ne pas faire de crans de rétention au pivot; nous verrons plus loin pour quelle raison.

emplir le canal de la racine. Sans perdre de temps, enfoncer la couronne à pivot bien à fond et la maintenir en place pendant le durcissement du ciment. Celui-ci a débordé de toutes parts, formant une couche protectrice autour de la couronne. Quand il est bien sec, enlever l'excès à l'aide d'un petit instrument pointu. Le scellement est terminé.

Il arrive fréquemment qu'au moment de l'enfoncement de la couronne à pivot, les patients accusent une douleur assez violente à l'apex. Il n'y a là rien d'inquiétant, et la cause de ce phénomène est toute mécanique : le pivot, déjà si parfaitement ajusté, lorsqu'il est noyé dans le ciment forme avec le canal de la racine un ensemble en tous points comparable à un piston et à son corps de pompe.

L'étanchéité est telle que, lors de l'enfoncement du pivot, la petite quantité d'air enfermée dans ce petit corps de pompe est refoulée vers l'apex et comprime le moignon de la pulpe, provoquant ainsi la douleur dont nous venons de parler, douleur qui persiste une ou deux minutes, puis disparaît.

Dans le cas de couronne à pivot à bague, une autre sensation douloureuse est due au refoulement par le bord de la bague, de la gencive qui apparaît ischémiée, blanchâtre. Cette sensation, qui dure plus longtemps que la précédente, est d'ordre purement mécanique. Il ne faut pas chercher à l'éviter en diminuant la hauteur de la bague, car le refoulement de la gencive est, naturellement, sans rien exagérer, une garantie de parfaite exactitude et d'absence de solution de continuité entre la gencive et la bague. La résorption de la gencive ne viendra d'ailleurs que trop vite et les inconvénients de la bague, déjà signalés, se manifesteront alors.

SCELLEMENT DES COURONNES A PIVOT DÉTACHABLES

Commencer par cimenter le pivot dans la racine, puis remplir de ciment la cavité de la couronne et la fixer à son tour.

SCELLEMENT A LA GUTTA DES COURONNES PROVISOIRES

Le canal est préparé comme pour le scellement au ciment, c'est-à-dire nettoyé, desséché, la racine est mise à l'abri de l'humidité; placer alors de la gutta en quantité suffisante sur le pivot, et chauffer d'une façon uniforme et lente la couronne et la gutta, jusqu'à ce que celle-ci atteigne son maximum de plasticité; il existe dans le commerce

des appareils spéciaux permettant d'arriver facilement à ce résultat. Placer alors la couronne et
la refroidir par un jet d'eau froide; puis enlever
l'excès de gutta avec des instruments chauds.

Pour desceller la couronne, il suffit d'appliquer
contre sa face linguale un instrument métallique
fortement chauffé, et de renouveler l'opération
jusqu'à ce que la gutta soit ramollie.

Précautions à prendre contre les fractures.

La couronne à pivot une fois scellée, il faut, dans la mesure du possible, la mettre à l'abri des fractures.

S'il est difficile d'empêcher que les porteurs de couronnes à pivot, oubliant la petite prothèse qu'ils ont dans la bouche, commettent l'erreur de l'employer à diviser le pain, à croquer du chocolat ou des confiseries pl s ou moins résistantes, il est souvent permis à l'opérateur d'éviter les fractures par grincement, chez les bruxomanes, ou par projection de la mâchoire inférieure en avant au cours de la mastication. Pour cela, inviter le patient à faire mordre bout à bout ses incisives et veiller à ce que la couronne artificielle ne dépasse pas les autres couronnes dans ce mouvement. Il est possible que l'esthétique en souffre légèrement, mais il vaut mieux, si regrettable que cela soit, sacrifier le côté esthétique, le reléguer au second plan, et se préoccuper d'abord de la solidité et de la résistance de la couronne à pivot.

Pour les patients chez lesquels l'usure des dents permet de soupçonner, sinon d'affirmer la bruxomanie, il ne faut pas hésiter à exagérer cette précaution, et la prudence conseille même d'empêcher la couronne à pivot de venir en contact avec les dents antagonistes au cours de l'avancée de la mâchoire inférieure.

CHAPITRE XI

Accidents consécutifs à la pose des Couronnes à pivot.

Nous avons vu plus haut (page 30), ce que nous pensions des accidents tels que fistules, sinusites, etc., qui peuvent survenir après la pose d'une couronne à pivot. Ces accidents d'ordre pathologique, qu'ils soient dus à la maladie ou à l'insuffisance de l'opérateur ou au trop mauvais état de la dent, n'ont rien à voir avec le mode de prothèse et seraient survenus, quelle que soit la substance employée pour obturer le canal radiculaire. A ce propos, signalons combien il est prudent de la part de l'opérateur de toujours faire précéder d'une obturation provisoire le travail délicat qu'est la pose d'une couronne à pivot. Le microscope nous apprend qu'une dent qui a été infectée est encore, après les soins les plus minutieux, remplie de bacilles; la pratique montre journellement qu'une dent atteinte de carie pénétrante ou qui a occasionné un peu d'alvéolite, est un *locus minoris resistentiæ*, qui, à l'occasion d'une grippe, peut à nouveau être le siège d'une infection aiguë (1).

Cette incertitude touchant l'avenir des racines que nous soignons ne doit pas faire abandonner l'admirable prothèse qu'est la couronne à pivot; mais, pour éviter tout reproche de la part des patients incapables de juger, les canaux qui ont été infectés doivent être obturés provisoirement pendant une quinzaine de jours; après ce temps, si aucun accident n'est survenu, la pose d'une couronne à pivot est justifiée, quoi qu'il arrive ultérieurement.

Les accidents dont nous avons à parler sont des accidents d'ordre mécanique, et non d'ordre pathologique. Nous avons, lors de l'examen des avantages et des inconvénients des couronnes à pivot, déjà signalé les principaux accidents qui peuvent survenir. A côté de ceux-là, il en est d'autres, moins fréquents, que nous allons envisager, et nous étudierons le moyen de les éviter. Ces accidents sont :

1º Fracture de la racine.

2º Fracture du pivot.

3º Torsion du pivot.

4º Fracture de la porcelaine.

(1) Dr Ovize : *Les expertises en Stomatologie et en art dentaire* (*Le Monde dentaire*, Novembre 1911 et sq.).

5º Descellement de la dent.

6º Décalcification de la racine.

7º Déplacement de la couronne par migration de la racine.

1º FRACTURE DE LA RACINE

Cet accident est irréparable si la fracture monte très haut, séparant même parfois la racine en deux parties presque égales.

L'extraction des deux fragments s'impose. Quand, par bonheur, cette fracture ne remonte qu'à trois, quatre ou cinq millimètres au-dessus du bord de la racine, on peut quelquefois y remédier comme il a été dit à l'occasion des fractures au cours de la préparation des racines (voir page 54). Lorsque l'on prévoit que l'on a affaire à une dent de solidité douteuse, très cariée, on évitera cet accident par l'emploi des demi-bagues, pour les incisives et les canines. Pour les petites molaires, la demi-bague est insuffisante, la forme bituberculée de la couronne permettant à une force s'exerçant de bas en haut et de dehors en dedans (cas de prémolaire supérieure), de s'exercer et de faire éclater la racine du côté palatin. Aussi doit-on, comme il a été dit plus haut, réduire à sa plus simple expression le sillon et les tubercules des petites molaires.

2° FRACTURE DU PIVOT

Le pivot, avons-nous dit, doit être le plus gros possible; malheureusement, cette règle n'est pas toujours observée, et tous les praticiens ont pu observer des couronnes dont le pivot ridiculement petit n'a pu résister aux efforts de la mâchoire antagoniste. Cet accident est extrêmement fréquent avec les couronnes de Logan.

Le pivot se brise toujours au niveau de la section de la racine, et le patient se présente sans couronne, mais avec le pivot scellé dans la racine; il faut, pour poser une nouvelle couronne, forer un nouveau canal. Dans le cas d'une racine épaisse, encore résistante, une racine de canine par exemple, la chose est possible; mais, dans la presque totalité des cas, il faut d'abord enlever le pivot brisé.

On a inventé différents appareils dans ce but; aucun n'est recommandable, et le mieux est d'opérer de la façon suivante :

Repérer autant que possible la direction du pivot (la radiographie pourrait rendre de grands services dans ce cas). A l'aide d'une fraise ronde à métal du plus petit calibre (n° 000), faire un trou dans le pivot, autant que possible en son centre; une goutte d'huile sur la fraise empêche l'échauffement du métal et de la racine; substituer à cette première fraise 000 le numéro suivant 00, et successivement les numéros 0, 1, 2, 3, 4, 5; agrandir le canal foré au centre du pivot jusqu'à destruction de celui-ci. Cette petite opération est extrêmement difficile et demande un doigté et une précision extrêmes. Le canal libéré de son pivot est prêt à en recevoir un nouveau.

3ᶜ TORSION DU PIVOT

Cet accident est dû, soit au volume trop réduit du pivot, soit à une articulation mauvaise, soit à un tic (bruxomanie), soit à une mauvaise manière de mastiquer, soit à plusieurs de ces causes à la fois. Le plus généralement, l'accident arrive à des patients ayant pour habitude de couper le pain avec les dents, et surtout d'exercer en même temps un mouvement d'arrachement. Le métal du pivot s'allonge un peu, la couronne se déplace et se trouve inclinée en dehors de l'arcade. Il faut, si le patient a suffisamment de grosses molaires, qu'il prenne d'abord l'habitude de briser son pain et de se servir exclusivement de ses molaires; quand on est sûr qu'il mastique correctement, il faut alors enlever la couronne, soit en usant le pivot avec une fraise si celle-ci peut passer entre la racine et le bord supérieur de la couronne, soit à l'aide d'une pince.

4° FRACTURE DE LA PORCELAINE

a) Couronne ordinaire. — Si l'on a eu soin de ne pas faire de crans de rétention au pivot, on peut, la racine étant reconnue solidement plantée, essayer de desceller le pivot. A cet effet, saisir entre les mors d'une pince la partie métallique restant de la couronne, et tenter doucement, très doucement, de faire pivoter le système.

Pendant l'opération, maintenir en permanence un doigt sur la racine, et, si l'on perçoit la moindre menace de luxation, ne pas insister. En cas d'insuccès, agir de la façon suivante : à l'aide de fraises, séparer du pivot la partie restante de la couronne et enlever ensuite le pivot comme il a été dit plus haut.

b) Couronne à tube. — Cet accident est extrêmement rare lorsqu'on emploie les couronnes à tube, et c'est la preuve de leur supériorité.

Enlever le petit tube qui se trouvait au centre de la porcelaine, et, séance tenante, réajuster en bouche une nouvelle couronne.

c) Couronne de Logan. — Une petite partie du pivot faisant saillie, il importe de la respecter. A l'aide d'une fraise ronde numéro 000, évider un peu la périphérie du pivot, pour le libérer en partie, puis l'extraire à l'aide d'une pince; maintenir la racine et la surveiller pendant l'opération, comme il a été dit plus haut.

d) Couronne de Davis, Couronne Hémery-Linet. — Pour ces couronnes, la fracture de la porcelaine est sans importance, comme dans le cas de la couronne à tube. Remplacer séance tenante la couronne.

Tous les autres systèmes de couronne rentrent dans le cas d'un des précédents.

5° DESCELLEMENT DE LA COURONNE

Cet accident est dû généralement à une faute pendant la fixation de la couronne, soit parce que le ciment a été mal préparé, soit parce qu'il a été en contact avec la salive pendant son durcissement. Il suffit de recommencer à cimenter le pivot dans le canal.

6° DÉCALCIFICATION DE LA RACINE

Cet état de la racine est dû, soit à une cause générale (déminéralisation générale de l'organisme, atteignant toutes les dents), soit à une cause locale; la carie qui avait atteint la dent et nécessité la prothèse continue et détruit lentement la racine, malgré les soins du canal; ou, dans le cas de couronne à collier, l'irritation déterminée

par le métal produit de la gingivite, et les fermentations acides attaquent l'ivoire de la racine.
Dans tous les cas, l'extraction est nécessaire.

7° DÉPLACEMENT DE LA COURONNE PAR MIGRATION DE LA RACINE

Nous laisserons de côté les cas de déplacements
consécutifs à un état pyorrhéique, que ce déplacement soit le premier signe ou un résultat avancé
de la maladie.

Nous n'avons en vue ici que les déplacements
d'origine mécanique; nous écarterons d'abord le
déplacement par erreur d'articulation, c'est une
faute inexcusable de la part de l'opérateur. Nous
n'admettons comme causes acceptables que certains tics (la bruxomanie surtout), ou des habi-
tudes comme le fait de couper le fil avec les dents,
ou le maintien d'une pipe entre les dents. Nous
avons vu (Précautions à prendre contre les fractures, page 13) ce qu'il faut faire quand on peut
soupçonner, deviner le danger.

Quand le déplacement acquis détermine le
patient à venir nous apporter ses doléances, la
conduite à tenir est d'essayer de supprimer la
cause, ou, en limant la couronne, d'en diminuer
les effets. Mais si le déplacement produit est déjà
considérable et disgracieux, il faut enlever la
couronne et la remplacer.

CHAPITRE XII

Conclusions.

I. — La couronne à pivot est une couronne postiche fixée à une petite tige (pivot), scellée elle-même dans le canal agrandi d'une dent découronnée.

II. — La couronne à pivot est indiquée pour les dix dents antérieures à chaque mâchoire, dans le cas de couronnes détruites par la carie, fracturées, pour certaines malformations.

III. — Ses qualités sont : la simplicité, la stabilité, la propreté, le résultat esthétique, le respect des autres dents. Son inconvénient réside dans son infériorité masticatoire; il ne faut l'appliquer qu'à des patients ayant des molaires.

IV. — Les trois modèles de couronne à pivot, dont dérivent tous les autres, sont :

a) La vraie couronne à pivot, la dent de Fauchard, dont dérivent les dents à tube, les couronnes naturelles, les couronnes Logan, Davis, Hémery-Linet.

b) La couronne ordinaire.

c) La couronne à bague ou à demi-bague.

V. — Le pivot doit être cylindrique, le plus long possible, le plus gros possible, en platine iridié à 10 %.

VI. — Les principales sortes de couronnes à pivot sont :

1º *La couronne ordinaire*, facile à exécuter dans tous les cas.

2º *La couronne à bague*, peut-être plus solide, mais inesthétique, et occasionnant de l'irritation de la gencive.

3º *La couronne à demi-bague*, amélioration de la précédente.

4º *La couronne construite avec une dent naturelle*, que l'on peut rarement exécuter, mais qui est solide et se rapproche le plus parfaitement de la nature.

5º *La couronne construite avec une dent à tube*, très indiquée pour les prémolaires, à cause de sa solidité, de son remplacement facile et de son apparence naturelle.

6º *La couronne à talon porcelaine* a les qualités de la couronne à tube : belle imitation de la nature, et de la couronne ordinaire, facilité de trouver la dent ayant la forme, le volume et la couleur désirés, et pivot mathématiquement choisi.

Chaque fois que l'articulation permet cette couronne, elle est la plus parfaite pour les incisives et les canines.

7° *La couronne de Logan :* son pivot est un non-sens mécanique par sa disposition et parce que le praticien n'en peut choisir les dimensions.

8° *La couronne de Davis,* excellente quand l'articulation est normale, car elle permet le choix du pivot, elle est facile à exécuter, et elle est facilement remplaçable.

9° *La couronne Hémery-Linet,* qui présente les avantages suivants : elle comprend un très grand nombre de formes et de teintes; l'indice de réfraction de sa porcelaine est très voisin de celui de la dent naturelle; la situation de la cavité pour l'épaulement du pivot permet de meuler son talon, et d'employer la couronne dans presque tous les cas, même d'articulation basse; le pivot, en cinq tailles, réunit les conditions mécaniques exigibles, et son extrémité radiculaire est munie d'un pas de vis qui en rend le descellement facile.

BIBLIOGRAPHIE

C. S. W. Baldwin : *Dental Cosmos January 1887.*

Dr Andrieu : *Traité de prothèse buccale.*

Dr Beltrami : *Thèse pour le doctorat en Médecine, 1895.*

Dr Deneffe : *La Prothèse dentaire dans l'antiquité.*

S. Doskow : *Avantages et inconvénients des couronnes avec bague et sans bague (Dental Cosmos, Mars 1907).*

Dr Evans : *A practical treatise on artificial Crown-Bridge, and Porcelain Work.*

Fauchard : *Le Chirurgien dentiste, 1728.*

Dr P. Ferrier : *Autour de la dent à pivot, Rev. Stomatologie, 1903.*

Gernon (J.-M.-C.) : *Enlèvement d'un pivot d'une racine (Dental Hints).*

S. Head : *Supériorité de la couronne à pivot sur la couronne à bague (Dental Cosmos, Juillet 1904).*

V. Kalfesan : *Pourquoi les dents à pivot cassent si facilement. Comment y remédier (Laboratoire 1907).*

Dr Ovize : *Étude des considérations mécaniques et dynamiques qui régissent l'exécution des couronnes à pivot (Prothèse dentaire, Juillet 1911).*

Dr Ovize : *Les expertises en Stomatologie et en art dentaire (Le Monde dentaire, Novembre 1911 et sq.).*

Dr Pitsch : *Essai sur les dents à pivot et leurs inconvénients. (Thèse de Doctorat, 1894).*

Roussel : *Traité théorique et pratique des couronnes
artificielles et du Bridge-Work.*

R.-M. Sauger : *La couronne à demi-collier (Items of
interest, Mars 1906).*

V. Walter-Gilbert : *Quelques idées sur le travail de
la porcelaine (Dental Cosmos, Juillet 1901).*

IMPRIMERIE DE MONTLIGEON (ORNE). — 6346-3-14.